当代图书馆空间设计与管理

张　会◎著

吉林大学出版社
·长春·

图书在版编目（CIP）数据

当代图书馆空间设计与管理 / 张会著. -- 长春 : 吉林大学出版社, 2022.6
ISBN 978-7-5768-0450-8

Ⅰ. ①当… Ⅱ. ①张… Ⅲ. ①图书馆—空间规划—室内设计—研究②图书馆管理—研究 Ⅳ. ①TU242.3 ②G251

中国版本图书馆CIP数据核字(2022)第170639号

书　　名：当代图书馆空间设计与管理
DANGDAI TUSHUGUAN KONGJIAN SHEJI YU GUANLI

作　　者：张　会　著
策划编辑：殷丽爽
责任编辑：张宏亮
责任校对：刘守秀
装帧设计：雅硕图文
出版发行：吉林大学出版社
社　　址：长春市人民大街4059号
邮政编码：130021
发行电话：0431-89580028/29/21
网　　址：http://www.jlup.com.cn
电子邮箱：jldxcbs@sina.com
印　　刷：长春市中海彩印厂
开　　本：787mm × 1092mm　　1/16
印　　张：12.5
字　　数：220千字
版　　次：2023年1月　第1版
印　　次：2023年1月　第1次
书　　号：ISBN 978-7-5768-0450-8
定　　价：72.00元

前 言

从20世纪80年代开始，我国图书馆事业开始有所起色，逐步进入稳定发展阶段，为了满足发展需求，推动社会公共文化服务体系的建设，图书馆作为一个专门收集、整理、存储、传播信息资源的公益性服务组织机构，有责任为国家建设中科学、文化、教育和科研工作提供更高层次的服务。因此，我国图书馆在空间设计和管理上也陆续提出现代化创意和理念，促进图书馆的可持续发展。

图书馆的建设、室内设计、室内空间布局等，均由不同的人员决定，图书馆管理员则主导室内空间布局。图书馆室内空间设计与管理在国内外均备受关注，其关键就在于近年来的信息技术飞速发展，使图书馆受到前所未有的冲击，传统图书馆的空间、馆藏、读者三大核心要素逐渐转化为电子化，“图书馆消亡论”一时流言飞起。而尤其是在国内，有关图书馆空间设计和管理的研究十分稀少，因而在此以当代图书馆空间设计与管理为研究对象，以从理论到实践的双重视角进行概述，为当代图书馆空间设计和管理提供借鉴，也为未来图书馆学系师生的教学和科研提供参考资料。

全书共七大章节，分上下两篇。上篇以当代图书馆空间设计为核心，为第一章节至第四章节，第一章节从当代图书馆概述与空间定义的解读入手，于理论层面解读了图书馆、图书馆建筑、图书馆空间，以及图书馆与当代社会之间的联系；第二章节从建筑学、室内设计学、环境心理学、读者心理学、教育心理学的角度对当代图书馆空间设计的基础理论进行集中梳理；第三章节和第四章节分别基于宏观角度与微观角度，以“理论+实践”的方式对当代图书馆空间设计的具体设计方法和布局方式进行了归纳和总结。下篇以当代图书馆管理为侧重点，为第五章节至第七章节，从我国当代图书馆管理体系、当代图书馆行政管理、当代图书馆服务管理几大关键层面进行了阐述，力争在有限的范围内对当代图书馆管理体系作出深度解读。

本书在写作过程中参考了国内外众多专家学者的研究成果，同时也结合了众多图书馆事业和工作实践，提炼普适性的理论和方法。限于作者水平有限，书中难免存在疏漏之处，恳请读者多提宝贵意见。虽不足以成集大成之作，但还望能够抛砖引玉，引发同行们的更多思考，激发更多思想的火花。

作　者

2021年11月

目　录

上篇　当代图书馆空间设计

第一章　当代图书馆概述与空间…… 3
第一节　图书馆概念 …… 3
第二节　图书馆建筑 …… 11
第三节　图书馆空间 …… 14
第四节　图书馆与当代社会 …… 26

第二章　当代图书馆空间设计的基础理论…… 31
第一节　建筑学与室内设计学 …… 31
第二节　环境心理学 …… 34
第三节　读者心理学 …… 45
第四节　教育心理学 …… 49

第三章　宏观角度下的当代图书馆空间设计…… 57
第一节　设计方法与流程 …… 57
第二节　建筑楼层布局 …… 65
第三节　藏阅空间 …… 69
第四节　学习空间 …… 72
第五节　公共空间 …… 78

第四章 微观角度下的当代图书馆空间设计…………………………… 83
第一节 桌椅设计 …………………………………………………… 83
第二节 书架设计 …………………………………………………… 90
第三节 标识设计 …………………………………………………… 94
第四节 照明设计 …………………………………………………… 103
第五节 氛围设计 …………………………………………………… 106

下篇 当代图书馆管理

第五章 我国当代图书馆管理体系……………………………………… 113
第一节 图书馆的社会职能和管理范畴 ………………………… 113
第二节 影响当代图书馆管理的思想与理论 …………………… 124
第三节 我国当代图书馆管理建设 ……………………………… 133

第六章 当代图书馆行政管理…………………………………………… 139
第一节 当代图书馆行政管理概述 ……………………………… 139
第二节 当代图书馆行政管理基本情况 ………………………… 143
第三节 当代图书馆人力资源与财务管理 ……………………… 152

第七章 当代图书馆服务管理…………………………………………… 166
第一节 当代图书馆服务概述 …………………………………… 166
第二节 当代图书馆服务原则 …………………………………… 172
第三节 当代图书馆服务管理体系与实践 ……………………… 176

参 考 文 献 ……………………………………………………………… 192

上篇

当代图书馆空间设计

第一章　当代图书馆概述与空间

第一节　图书馆概念

一、什么是图书馆

图书馆究竟是什么？何谓图书馆？这些问题看起来似乎非常简单，于是人们便提出了：图书馆就是一个能够借到书籍的地方。但这一答案并不准确，因为外借图书是图书馆职责的其中一项，而图书馆的科学定义也绝不应该如此。也有说法：图书馆拥有馆舍和藏书，是供人们阅览和借用书籍的地方。但这一类表述有时也具有表面化，并不能说明图书馆的实质。在电子科技高速发展的背景下，未来图书馆的模式难以预测，以上定义并不能准确地定义未来的图书馆。

为了精准、科学地回答出“什么是图书馆”，人们首先要明白图书馆概念的基本含义，并掌握图书馆的实质，以便于对图书馆下个阶段全面而系统地界定。如此，人们可以真实地了解图书馆活动的全部内涵，发现其真实含义，以历史的视角把握和了解图书馆。

随着现代科技的发展水平日益提升，在人类社会的不同阶段，由于人们对图书馆及其发展环境的认识程度不同、知识角度理解差异，因此人类社会中对图书馆的描述也多种多样。在近现代发展过程中，巴特勒在哲学和心理学研究的基础上，对当代图书馆的概念作出了以下回答：“图书馆是将人类的记忆移植到当下人们的意识形态中去的一种社会性的装置。”这一描述涵盖了两个层次：一是图书馆是一种社会设备；二是图书馆的主要用途是移植人类的记忆。

不久，谢拉基于社会认识论的角度认为：“图书馆是一个社会机关，它将知识记录在书本上，借助图书馆馆员这层联系，将知识传递给团体和个人，进行书面的交流。”谢拉结合了图书馆同社会知识之间的联系，认为图书馆包含于社会文化交流体系之中，认为图书馆的功能就是交换知识，并进行文化知识的交汇。

同时期卡尔施泰特提出，图书是一个载体，通过人们对客体精神（人们的文化创造力）的归纳将之传达给个人的场所。在此基础上，他提出图书馆是一个将文化的创新和传承变为可能的社会机构。他结合文化创新和传承的理念，认为文化的创新与传承活动必须通过图书馆这一载体才能进行，发挥着文化纽带功能。

吴慰慈等学者在《图书馆学概论》一书中提到：“图书馆是用来收集、整理、保管和利用书刊资料，为一定的社会经济、政治服务的文化教育机构。”这一概念主要是根据20世纪90年代以前的中国人对图书馆的理解，归纳出了传统图书馆的本质内涵，能够揭示传统图书馆的某些方面。

①图书馆的工作程序——收集、整理、保存和使用书刊资料；

②图书馆的工作对象——书刊资料；

③图书馆的活动目的——为一定的社会经济、政治服务；

④图书馆的性质——文化教育机构。

伴随着电子科技的进步，互联网时代的崛起，图书馆在社会作用方面有了新的特质，其内涵加入了新的要义，有部分学者提出：“图书馆是为了满足特定用户的信息需求，而保持动态发展的一种信息资源体系。”

事实上，对某一学科的基本事物下定义，需要结合其历史特征，且使该定义能够适应时代的要求。所以，要结合图书馆的普适性来考虑其定义，即将历史上传统的图书馆概念包含在现在的及未来的普适含义中，概括出一段既能适用传统又能适用未来图书馆的表述。在科技手段发达、图书馆体系成熟的当下，已经具备了充足的条件为图书馆作一个普适定义。

图书馆是人类社会记忆的外存形式与选择传递机制，这一社会记忆过程一般体现为书面或其他形式的记忆信息。因此，图书馆是一种传播性的社会知识和一个资讯与人文的记忆设备。

无论其模式、形式怎样，各个社会阶段的图书馆都具备储备知识、信息，以及资料整序和增值的功能。各个时期的图书馆都能系统地收集信息、保存信息、能够开发信息资源并提供服务，从而实现图书信息的增值。

对于传统的图书馆而言，其多以实物形式为载体，导致大家都把图书馆当作一个组织单位。但从历史发展的视角来看，图书馆本质上是一种社会机制。未来的图书馆的存在形态可能超出人们的预想，以致目前根本无法预测，但只要它仍然在承载和传播社会信息和历史知识，那么人们也可以将其看作传统图书馆的未来形式。

随着近现代科技手段的专门化、细分化，科技信息机构等与图书馆逐渐分离。但根据未来社会信息事业的发展态势，图书馆和各类信息机构逐渐在工作技术、工作内容方面趋同。未来可以确定的是，两者的界限将重新消失，还会出现大量新兴的网络信息和数据机构，图书馆将与它们一同担任起储存和传递社会知识、信息、文化的角色。

二、图书馆的构成要件

当代图书馆的定位剖析了图书馆的内涵，揭露了同其他社会文化教育机构在根本上的不同和实质上的差异。为了能够更深入地、全方位地了解图书馆，还需要详尽地介绍它的组成要件。

图书馆这一有机体的组成，主要包括了文献信息资源（馆藏）、用户（读者）、馆内的工作人员、技术手段、建筑与设备等基础要素，这些要素之间相互配合、相互影响。

（一）文献信息资源

文献信息资料，是图书馆生存与发展工作的重要信息物质基础。传统的图书馆大多以纸质本的书籍、杂志等文书的形态存在，但当代图书馆的主要工作内容已涵盖了计算机可阅读信息、多媒体信息、各种类的数据库、互联网的信息系统、物联网的传感器等信息内容的获取。

1. 信息、知识

信息，是一种再现的差异，是主体事物和主体思想的运动状况和发展过程，以及从这一状况和发展过程中所获取的知识；信号是生物、人及其带有自主控制功能的机体之间通过感应器管、相关的电子装置和外部设备进行通信的全部内容；信息能够以消息、信号、符号等多种形式被表示、贮存、传输、管理、感知和使用。

事实上，知识、符号、交流等概念与信息在内涵方面有着较强的共性，信息的涵盖面更加广泛。在对知识与信息的关系问题的讨论上，学界存在较大的分歧。

知识是一种社会客体，具有认知性，其经过不断地适应、同化所选择的信息内容，衍生出一个有序化的观念和符号上的信息集合体。

事实上，由于知识经济概念的提出及分类，知识的范围有了较大的拓展，实用性和可操作性知识的地位得到空前的提高。经合组织在《以知识为基础的经济》报告中提出了“4W”概念。

学者袁正光对“4W”概念进行了解释：

①知道是什么的知识：指事实，如地球到月亮的距离，光在一年中所行走的距离等；

②知道为什么的知识：原理或规律性的知识，如万有引力定律、普朗克黑体辐射定律、供求规律等；

③知道怎么做的知识：懂得如何操作，包括经验、诀窍等；

④知道是谁的知识：包括特定关系的形成、有关管理的知识和能力等；

对于知识和信息的关系，有以下几类观点：

①并列关系，为了突显知识的地位，将知识从信息中剥离出来而同信息成为并列关系；

②转化关系，信息经过加工就成了知识；

③包含关系，既有认为知识包含信息的观点，也有认为信息包含知识的观点；

④分立关系，认为知识和信息之间界限明确，信息仅仅是知识的“燃料”，以彰显知识的地位；

⑤替代关系，知识和信息有着类似的属性，使得二者在一定调价年相互替代成为可能。

布里渊提出，信息是一种原材料，由纯粹的数据构建而成，而知识实质上是一种已经建立的、通过类比和分层讨论、组织得出的思想数据。从知识经济及其研究的角度看来，这一观点在当时具有普遍的指导意义。

一些学者认为，信息的掌握需要借助人的整个认知过程，从它的动态连续体中把握。认知过程被他们视为一个事件转化为符号，再形成数据、集合成信息最后演变为智慧的过程。

在这个连续统一体之中，后者的任一构成部分都源自它的前过程，如“信息”的渊源是数据，同时它又是“知识”的来源。

斯蒂芬·赫克尔在此基础上对信息的结构进行了进一步的分析，如图1-1所示。

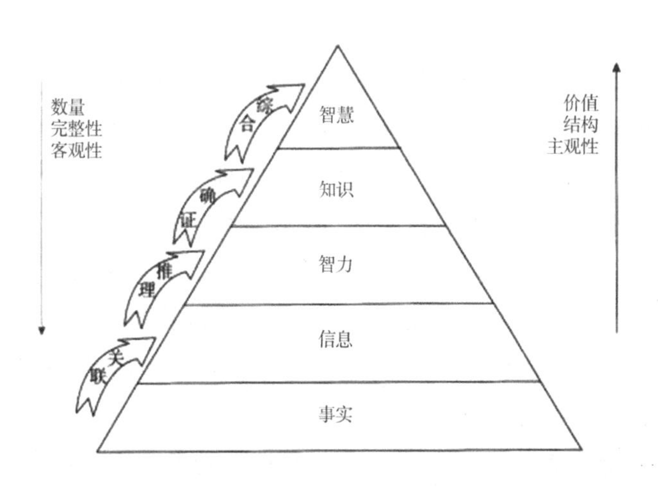

图1-1　信息结构的一般等级划分

根据图1-1显示，不同层级的数量和完整程度会随着信息价值结构的主观性的增长而降低。这张图完美地再现了一系列的关联、推理、确证及综合最终演变为智慧的过程。

上述几种观念，多将信息看成数据，将两者等同比较。

从广义的角度去把握知识和信息的关系，我们可以这样认为——知识实质上是被包含于信息之内的，它是一种经过人们进行高度总结和概括得出的“特殊信息”。事实上，知识是人们在认识和了解自然界、人类社会的过程中，不断地更新自身的思维方式，总结出社会的运动规律，对信息进行重新合成的一种思想，是社会存在的物质世界折射在人们主观意识中的反映。丹尼尔·贝尔认为，知识是在对某一事实或思想进行合理判断之后，得出的一种经验性的结论，再借助某一沟通手段，用一种特定化、综合化的手段告知他人。

在人类社会里，普及化、易得性的信息成为知识的燃料，人们对这些

“燃料”进行接收、筛选和处理，最终将其转化成知识。卡西尔将知识概括成客体的符号，这进一步论证了知识是一类“特定的信息”，从范畴的角度来讲，“信息”的内涵大于“知识”。从广义的角度讲，知识在进入人类社会后，能够被人们获取、感受及体会到，在现实社会中尚有许多原始信息未被人们掌握，也就无法将其划入知识的范畴；从狭义的角度讲，知识起到传播信息的作用，这里的信息指的是数据、资料等内容。

2. 文献

文献是记录、传播知识与信息的物质载体，是图书馆存在和进行工作的基本和首要前提。图书馆的文献合集形成了图书馆的馆藏文献，即根据图书馆的种类、职能和用户的需要，通过筛选、整理、加工、典藏等程序，将分散的文献集合成为有要点、有秩序感的文献系统。对于传统的图书馆馆藏文献而言，其主要包括了由某个图书馆保管的纸质图书、期刊书籍、机读文献等；现代馆藏文献则打破了以往交由一家图书馆保管的限制，将整个社会图书馆体系收集到的文献都包含在内，同时还包括网络上的虚拟信息数据。

3. 图书馆文献信息资源

图书馆文献信息资源是图书馆收集和拥有的各种文献信息的集合。它打破了“时空限制”，将人类社会发展过程中已经获得的知识和经验进行记忆、保存和传递，以此丰富人类社会的知识、推动科学技术的发展、人类社会的文明进程。图书馆文献信息资源所包含的知识和信息能够让人们不限量地使用或异时、异地重复使用和共享，还可以利用机器复制等手段保存原来的内容。图书馆文献信息资源的合理发展是促进人类社会发展的重要力量之一，它必须是一种对一般社会大众完全开放的、经过严格组织的知识系统。而随着社会经济发展与科学技术的不断进步，增强图书馆文献信息资料系统的知识输出功能是当代图书馆的主要特点所在。

4. 图书馆文献信息资源建设

在信息技术时代，图书馆文献信息资源建设要协调实体馆藏和虚拟馆藏之间的关系，即在采购纸质数据的同时，也不能忽视网络数据资源的整合。在建设过程中，图书馆可以借助“互联网+”技术，以大数据手段为媒介，采取高速、高效的电子文献传输形式来实现馆际合作与文献信息资源建设的共享。

（二）用户

用户，多被称为“读者”，是图书馆的服务对象。

图书馆的使用者，既包括个人，也包括社会团体，是使用图书馆资源条件的一切社会组成。图书馆的使用者也呈现出了多样化的发展趋势，不同的职业、不同的人文素质、不同的文献需要、不同的价值理念等。

图书馆馆员的主要职能在于发展和研究用户，并最终回到服务用户的层面。图书馆服务工作的价值取决于用户的人数及他们的需求量；服务工作的发展层次取决于用户对图书馆的依赖程度；用户对文献信息获取的要求是快速且准确，这在一定程度上促进了图书馆自动化技术发展的进程。他们既是服务工作的受益人，也是完善服务工作水平的活力源泉，是核准服务质量的“标尺”。某种程度上来说，图书馆生存和继续的根基在于满足用户对文献信息的需求。用户工作是图书馆的核心工作，是图书馆改进管理方式、革新技术设备、提高服务质量的根源所在。

在早期社会，社会成员由于没有受到普遍的文化教育，知识水平普遍低下，阅读书籍的能力者极其稀少，这就使得图书馆工作人员有知识话语权和决定图书馆事务的权力。藏书是图书馆的工作中心，图书馆的规模和质量水平是评价图书馆及其工作的重要标准。在这一阶段，读者几乎没有什么权力，他们提出的看法对图书馆的影响可以忽略不计。

随着社会的发展和进步，由于社会成员的文化素养普遍提高，他们出于自我或社会上的利益考虑对图书馆事业的发展提出了更个性化的服务需求。在此背景下，图书馆工作中心由馆藏转向服务，逐渐开始注重提供咨询服务，使用户行为研究成了图书馆研究学的主要方向之一。在这一阶段，图书馆也开始积极接受读者来参加馆内的管理与决策工作，在文献购买、报纸订购、服务费用分摊、空间使用等方面充分征求了读者的意见，并对合理的意见进行了采纳。

步入信息技术时代，用户的目录查询、书籍借用、引擎搜索等行为，甚至在线学习、网络购物等方式，成了用户使用图书馆行为数据的一部分，通过对这些数据进行分析，便于掌握用户的阅读偏好和行为方式，使为用户提供的服务更具有针对性、个性化和精细化。同时，随着新型网络和社交媒体的崛起，社会的信息生产传播机制出现了历史性的变革，个体的社会成员也成了信息生产的重要组成部分，图书馆将面临更为复杂的社会信息环境和设备技术条件。在此背景下，用户需要参与到图书馆信息资源的共建共享的管理工作中去，成为图书馆大系统下的一个重要主体因素。

（三）工作人员

管理人员作为图书馆活动的主管人和参与者，是促进文献信息和使用者之间产生有效联系的重要中介和枢纽，是文献、资讯价值真实化的关键。图书馆职工的服务水准、服务态度和职业道德素质等品德也决定着图书馆管理工作的好与坏、对图书馆社会影响的大与小。

现代技术的发达让图书馆的面貌出现了本质的改变，对图书馆人才的知识结构和能力结构都有了更高的需求。图书馆要按照新的要求，来设定新的工作岗位、招收一些新的馆员，同时要求图书馆馆员也要进行更新专业知识和新技能的培养，把握数字素养技能教育和服务专业化的核心手段，以提高自己的业务能力和服务水平。

培养社会图书馆人员的知识素养与创新实践能力的工作，必须围绕着全方位、多样化的社会图书馆员教学体系和训练而展开，即建立多样化的社会图书馆人员教学体制，并改革社会图书馆学教材的体系结构与内涵。例如由于当下图书馆学教育的思想内涵、组织形态，以及教学手段都深受计算机技术的影响，而计算机技术已经成为图书馆学教育中不可分割的重要内容之一，这就促成了网络课堂、远程教育、慕课学习等新型教育形式的诞生与发展。

当代图书馆业务类型的改变和技术手段的改良推动了图书馆员队伍的组成结构的优化，除去自有队伍，在工作程序上采用业务外包等形式引入非自有的图书馆管理人员，让他们参与图书馆的借阅、分编、参考咨询乃至管理等工作。

（四）技术方法

技术方法是做好图书馆工作的重要手段。图书馆工作人员是否掌握先进发达的技术手段决定了图书馆作用发挥的大小。当代图书馆借助各种物质技术手段、工具和方法，逐渐发展成为社会知识信息的交流媒介。

图书馆技术的方法系统多种多样、功能不一。技术方法系统的革新和发展为图书馆开展工作提供了技术支撑，有利于图书馆在未来更有效地发挥信息媒介作用，使构建信息共享时代的理想逐渐成为现实。

随着科学技术的深入发展和移动互联网时代的到来，越来越多的新媒体技术逐渐应用于图书馆内部并发挥效用。当代图书馆在文献信息生产、储存、利用和图书管理等方面借助数字化技术手段，涌现了一批新形态的图书馆，如数字图书馆、复合图书馆等。电子数据的安全储存技术、数字挖掘及时日益成为新的技术热潮。

（五）建筑与设备

建筑与设备组成了图书馆的物质基础，它应当服务于图书馆的文献信息状况和服务功能。图书馆建筑位置不当、设备不达标准都是妨碍图书馆开展工作的重要因子，影响了图书馆的社会功能。

物联网技术、云计算、大数据等智慧型图书馆手段的运用，更新了图书馆的服务设备，大大提高了图书馆的服务质量。

由于读者到馆率普遍下降，图书馆界涌现一种反思图书馆建筑空间的潮流，其要求重建图书馆空间，在重视图书馆空间开放性、适应性的基础上，融入创客空间等新型功能，以此吸引更多的用户使用实体图书馆。

以上五个要素相互依赖、相互作用，推动了图书馆工作的规范化、有序化。从图书馆的整体看，馆内的工作人员在管理和组织图书馆的工作，改进图书馆的服务方式、文献资源的组织结构和形式，实现图书馆的社会效益和社会价值方面，发挥着决定性的作用。想要建立当代图书馆理想的结构模式，就要最大限度地发挥图书馆工作人员的组织和管理职能，依赖先进的服务技术手段为用户提供舒适的阅读环境，不断革新图书馆的物质设施和良好的文献信息检索和使用条件。

第二节 图书馆建筑

一、图书馆的建筑功能

总体来说，不同规模的图书馆建筑，尤其是大型图书馆建筑，都有以下功能：

①保护书籍，使馆藏不受自然因素、不良环境影响和被错误处置；

②多样化的储存方式，供读者查阅图书和其他材料；

③设置馆藏目录、相关文献目录工具及电子版目录，以便读者能够及时找到本地馆藏的有关材料和其他机构的补充材料与信息；

④为学生、职工和访问学者的学习、科研和写作活动提供空间范围；

⑤为采访、获取、组织、管理馆藏资源的馆员和为读者提供咨询服务的馆员提供空间；

⑥承载复印、参考教学、准备试听报告材料等辅助性功能；

⑦为图书馆进行管理和商务办公提供空间；

⑧为运用展览、演讲、出版物等手段来宣讲图书资源和服务提供空间；

⑨为了纪念一位或几位名人，为追求学术成就的学术机构生活提供象征性场所；

⑩为出版物、手稿、档案和其他图书馆试题资料建立一个整合的工作平台，保存人类的智慧结晶。

二、图书馆建筑设计原则

不少学者都对图书馆的建筑设计原则进行了探讨和归纳。徐忠明将当代图书馆建筑设计原则总结为：功能第一、经济高效、科学先进、环境和谐、考虑发展、配合密切、符合规定。周进亮将现代高校图书馆建筑设计原则总结为：开放性原则、灵活性原则、人文化原则、智能化原则、艺术美原则。李明华在总结我国图书馆界和建筑界多年来的切磋经验的基础上，提出了“实用、高效、灵活、舒适、安全、经济、美观”的设计原则。这一设计原则有以下特征：

①将功能的实用性放在设计的首要位置，强调要为读者及馆员提供高效学习、研究工作的平台；

②建筑的布局结构、分区要与未来的发展变化相适应；

③图书馆的建筑设计要优先考虑为读者和馆员创造舒适的优良环境；

④保障人员、馆藏和设备的安全；

⑤讲究各指标的经济性，包含了平面利用系数、投资成本和运营成本等

因素；

⑥馆区的造型设计要追求美观大方，建筑需要有明显的地域、文化和时代特征。

以上对图书馆建筑设计原则的研究，在结果上都有一定的共性。

图书馆外部的建造结构决定了馆内空间的构造、大小和使用。在结合图书馆内外部的使用功能的基础上，对图书馆的内部空间进行布局和设计是十分重要的。

建筑作为一门空间艺术，以其艺术形式取悦人、感染人，给人以审美享受。因此，图书馆建筑也应当体现艺术性，要求与周围的环境相融合，彰显地方文化特征，其设计应该体现图书馆自由、平等、开放的特征，同时与城市的现代化、大气和包容风格相统一。

此外，传统图书馆建设还需要在整体外观方面，表现出端庄、典雅、简朴的实用性特点。而当代图书馆建设则需要在注重实用性的基础上，借鉴国外图书馆的设计风格，强调对馆内建筑物外形与内部结构的艺术化设计，在不同的外墙建筑材料及各种装饰品材料的基础上，对图书馆加以设计改造。同时，可以在建筑的四周以天然草皮、花簇、雕塑等材料加以装饰，并结合总体布置的特点在馆口处放置一个简洁大方的标识牌，从而让读者对图书馆的建筑美感及周围优美的环境，产生愉悦感与享受感。一个具有鲜明标识的图书馆的建筑，离不开一种使人过目不忘的建筑外形，这一外形可能是矩形的、方块的甚至不规则形式的。方形和矩形是最易于被使用的空间形状之一，但圆形、三角形这一类空间形状的实际使用率却较少。而建筑物的总体高度、内部层数、内部开间的多少，也决定了对图书馆空间的整体格局与功能的利用程度。

一个独特、优秀的图书馆建筑外观，能吸引人们前往。对于公共图书馆，建筑物的外形语言和规模正成为当下年轻人的“打卡胜地”，渐渐演变成一种文化标识，从而吸引更多的人来图书馆。如由荷兰MVRDV建筑设计事务所同天津市城市规划设计研究院建筑分院合作设计的天津滨海新区图书馆（以下简称滨海图书馆），其立意为“滨海之眼”和“书山有路勤为径”，这吸引了成千上万读者的到来，成为滨海新区著名的网红景点。滨海图书馆除了外形像一只眼睛的独特设计之外，其中庭以冲孔铝板结合彩色印刷为基础打造出“书山”的形状，真假图书交相辉映，体现出“书山有路勤为径”“书籍，是人类进步的阶梯”的实质含义。读者为了一睹其风采，甚至不远千里来到此地，就是为了感受其宏大的建筑风格和艺术价值。

第三节　图书馆空间

一、图书馆的空间角色

（一）图书馆作为公共空间

公共空间，即公众所共有的空间，无论男女老少都能够进入的领域和场所，是公民进行公共交往活动的场所。它既可以是建筑学中的实体空间，又可以是虚拟的空间，还能够作为一种以传播、沟通为宗旨的大众传媒。公共空间泛指公共生活区域，包括城市公共场所、民间社团、传播社会舆论媒体等部分，是人们专门进行活动的环境和空间区域。

从功能利用角度来看，图书馆虽属公共建筑，但其内部也属公共室内空间，包含了门厅、借阅大厅、多媒体及电子阅览室、休息室、多功能厅等区域。图书馆的公众空间，是对读者和馆内人员等特殊人群提出各种要求的领域，是一个社会性的活动场所，其空间设计理念必须最大限度地参考各种人的不同需要，以体现个性化的特点。

图书馆作为一个文化教育场所，满足了人们的精神追求、陶冶了人们的思想情操，逐渐成为人们生活工作和学习无法替代的公共空间，其社会价值越来越受到社会各界的重视。加拿大学者伯德萨尔在《电子图书馆的神话》一书中提到，图书馆设备与建筑本身，就是形成现代化社会基础设施的重要标志之一。大英图书馆的原馆长布里安朗，在世界伙计图书馆建设大会的演说中认为，图书馆将成为人们互相交流信息和经验的知识殿堂。而上海图书馆原院长吴建中，也在《转型与超越：无所不在的图书馆》一书中，在人、资源、空间要素基础上考察了图书馆的社会价值，认为要“挖掘图书馆作为场所的价值”“发挥图书馆作为城市第三大空间的价值”，指出图书馆是虚拟与实体高度融汇的“交流空间”。

（二）图书馆作为第三空间

雷·欧登伯格在索亚的“第三空间认识论”的基础上，从社会学的角度将社会空间分为三个层次，即作为第一空间的家庭、作为第二空间的职场、作为第三空间的公共场所。

在自由、宽松、便利前置条件的基础上，欧登伯格描述了“第三空间”的基本逻辑边界。其主张“第三空间”是一个公共交流的场所，既没有第一空间家庭角色的束缚，也没有第二空间职场的等级观念，在这种空间里，人们不受功利主义的影响，而能够自由自在地释放自我。按照这一划分准则，“第三空间”不仅包含城市中心的闹市区、酒吧等，而且包含了所有具有共性特征的都市生活区域，比如体育场、影剧院或是其他一些已经摆脱了传统家庭与职场束缚的，并且可以带给人类一些特殊空间与感受的区域。

图书馆成为第三空间，使人们的生活节奏加快，图书馆转向综合性发展的现实需要。从本质看来，图书馆从“书”的空间转变为“人”的空间，其打造一个舒适的环境，向社会成员提供社交和活动的机会，承担社会职能，以实现聚集人气、凝结智慧和思想的目的。图书馆作为“第三空间”拥有以下特征。

①具有提升个人能力的功效。能够满足读者求知和进行交流的需要，读者在馆内借阅书籍、查询资料，同时与其他人相互交流、拓宽视野。

②具有开放、自由和共享的休闲价值。没有家庭角色的束缚，也没有职场的等级差别，帮助读者以自由、平等的舒适心态获取所需要的信息。

③具有包容的社会价值，促进社会和谐发展。图书馆欢迎各类读者，他们能够平等地利用“第三空间”的资源，相关的制度加以约束以实现和谐相处，加强社会成员之间的情感交互，推动全民阅读。

④具有人性化的特点。以读者需求为根本，布局流畅、格局合理，人文环境宽松、平等、和谐。读者能够在不影响其他读者的基础上，根据自身的需求自由开放、无障碍地利用图书馆的各种资源。

程焕文认为，图书馆作为“第三空间”的理论虽具新颖性和启示性，但不够科学严谨。因此相对于购物和休闲，阅读并不是生存和生活的必需。但是从图书馆的社会价值层面来讲，图书馆的空间的社会地位越来越受到重视，它是图书馆赖以生存和发展的前提。

（三）图书馆作为知识空间

学者王知津提出了知识空间是知识组织的新概念，这大大拓宽了情报资源的多维度空间，使得人们对信息的传递过程有了更清楚的认知。只是空间的内涵和平台主要来源于图书馆的资源共享与服务，也包括了时下热点的学术公共空间、众创空间等。

图书馆作为一种公共知识空间，具有不可替代性。原因有二：一是图书馆承担了公共空间的永恒意义和重要价值；二是图书馆自身与学校等其他公共知识空间形式的特征有着本质的区别。在公共知识空间里，图书馆本质是在平等自由的基础上，对知识进行集合，具有自身的新特质，它在这一空间里开放度最高，能够容纳百川千壑。

图书馆是人类思维、智慧结晶的“筛选器”，将对人类发展有重要意义的知识文本纳入保护体系之中。其作为一个实体的开放性场所，给人的体验与其他公共知识空间个人的体验有所不同。从泛在知识的角度看，图书馆知识空间概念的内涵和外延不断地进行扩张与延伸。图书馆是一个“以人为中心，以泛在知识为特点，以知识管理为目的的交互性网络虚拟空间”。

二、图书馆的空间特征

读者的体验感会受到图书馆空间本质的影响，因此图书馆要在保持空间物理环境的基本属性的基础上，尽可能地满足读者的需求。对图书馆空间基本特征的归纳主要有以下两种共识。

（一）福克纳·布朗的“十诫”

虽然内部布置和读者的服务由于不同图书馆规模的大小有所差异，但事实上，所有规模的建筑都有一些共性，这些共性能够被具化成一些特征。早在20世纪六七十年代，福纳克·布朗就系统地阐述了图书馆建筑的特征，他将图书馆在规划时应考虑到的因素称之为“十诫”。尽管当时提出这些特征用的是“图书馆建筑物”一词，但这些特征仍然能够被图书馆空间所适用。有些词的意义虽然与现在有所不同，且不完全适用于当代图书馆，其基本内涵却是一脉相承的。

1. 灵活性

灵活性即布局、结构和服务的易适应性。

灵活的图书馆建筑要求图书馆的规划布局具有灵活性，要求在结构、供暖、通风、照明等方面具备适应性。通过整齐的间距来排列立柱，或者通过跨度大的横梁减少立柱，又或者借助合适的事件承载楼层，这些都能轻松地将部门、咨询台、书架、读者区域或者其他图书馆功能区转移到其他建筑物的任何地方，在维持足够空间的基础上不需要做任何变动就能重新布置空间。这种设计理念使得图书馆更具灵活性。

2. 紧凑性

紧凑性即读者、馆员和书籍移动的便利性。

紧凑的建筑布局对图书馆馆员大有帮助。从理论角度来讲，如果图书馆的建筑是一个立方体，读者在进入的时候便处于中心位置，那么其移动到建筑内的任何区域的距离都是最小值，相比于直线型或者一个较深的平面扩展型建筑，书籍、馆员和读者在立方体建筑内的移动距离相对较短。此外，移动距离的缩短也有助于节能和环保。

3. 可获取性

可获取性即从外部进入图书馆建筑，从建筑物入口到其他所有区域，使用简洁易懂的方案进行最小化的补充指引。

可获取性分为两个层面：一是读者方便访问图书馆；二是读者能较为便利地拿到书籍。这就要求在建筑物外放置对图书馆入口指引简单易懂的指示牌，并放在醒目的位置。在进入图书馆内部之后，一些主要的位置，像询问台、主前台、楼梯等位置的到达需要配备明确的指引路线，切忌设置过多的标识和方位指示，以免让读者眼花缭乱、难以分辨。

4. 可扩展性

可扩展性要求在最小限度破坏的情况下允许未来的修缮。

图书馆建筑并非有限的，而是能够进行扩展的，需要为图书馆未来的扩建保留一定的空间。建筑进行建造时需要有助于后续的扩展，但在每个阶段又需要保持其完整性。在建造图书馆的过程中，所选取的外部材料和建设方式会影响工程的扩建。为了满足扩展的需要，图书馆建筑的外墙不妨设置一些可以拆除且能够在新的扩建建筑上使用的重复单元；在图书馆未扩建时这些单元又能组成一个完整的整体。图书馆建筑可以根据其空间的使用需要进行适当的改变。可扩展性是建造图书馆必备的一个原则。

5. 多样性

多样性要求能够为图书储藏和读者服务提供更大的自由度。

为了满足多样性的需要，馆内不妨增加设计的趣味性，为读者的多元化需求提供多种选择。此外，多样性的特征还能体现在图书馆的大小、功能和位置等不同方面。

6. 有组织性

有组织性要求在图书和读者之间设定恰当的规范制度。

图书馆作为一个向所有人免费开放的空间，是记录人类思想和想法的重要地点，是对人类富有的创造性想象力的反映。在建造图书馆的过程中，应当将图书馆的全部资料有效地组织起来，以简单易懂和引人注目的方式进行布局，让读者能够轻松获取所需要的数据。

7. 舒适性

舒适性指的是以更优的方式促进图书的有效利用。

新鲜的空气、温度恒定和湿度恒定能够提高图书馆的使用效率，为更多的空间利用提供支撑。当图书馆打开窗户时，外界的热气、冷风、灰尘和噪声等元素的进入极大地影响了读者的阅读感，为了提升读者的舒适度，图书馆可以考虑从自然界中获取免费的供应源，如自然光、自然风，这些供应源能够被读者根据自身的需要进行有效控制。最理想的设计方案应当是图书馆的照明、通风、湿度、温度等元素设定在一个舒适的区间内，且能够被读者控制。

8. 环境的稳定性

环境稳定性指能够为图书资料提供一个长期不变的储存环境。

图书馆环境的恒定性和稳定性与舒适性有一定的共性，在建造时都是重要的考虑因素。图书馆环境应当在照明、供暖、制冷、通风等方面维持一个恒定的水平。在建造图书馆的过程中，可以考虑将外墙的部分建造成一个“环境过滤器”，这样既能保证夏天吸收过剩的太阳辐射，又能减少冬季热量损耗；既能阻挡外部的噪声，又能为读者提供一个欣赏窗外景色的窗口。

9. 安全性

安全性即确保用户行为和以防图书丢失。

确保图书馆馆藏的完整性是图书馆的一个重要任务。在建造图书馆时，通过将出入口减少到一个或几个、使用电子图书监测系统、通过摄像头等设备监控读者的行为等方式都能有效减少图书的丢失率和破坏率，维护馆藏的安全性。

10. 经济性

经济性要求使用最少的资源投入来获取最大的收益，在经费和馆员之间建立经济性和可持续性。

一般而言，建造和运行一所图书馆需要耗费大量的资金，合理控制图书馆的运营花销水平是馆员应慎重考虑的因素。运营一所大型图书馆需要长时间的照明和空调来维持一个恒定的舒适环境，应当寻找更经济的办法，在不影响读者阅读质量的前提下尽可能降低图书馆的运营成本。一种方法是在设计图书馆时，尽可能减少建筑物的外部面，降低墙面面积和地面面积的比重；另一种办法是窗户的总面积不超过总面积的四分之一。此外，从照明、空调等设备的节能、减少能源消耗方面入手，也是一个有效措施。

（二）安德鲁·麦克唐纳的当代图书馆空间的十大特征和补充性特征

安德鲁·麦克唐纳在研究“十诫”的基础上，针对当代图书馆空间总结出十大特征和一个补充性特征。他更倾向使用“Quality”代指特征，而不是布朗使用的“Commandment”。麦克唐纳认为把握图书馆空间的特征有助于解决规划过程中出现的问题，激发设计新空间的创造力，帮助设计者在进行空间设计时更加谨慎和细心。

1. 功能性

功能性要求图书馆空间能使人高效工作、看上去美观大方及具备耐用的特性。

图书馆设计的目标是建造一个功能齐全、使用便利、运行经济的图书馆，要求图书馆新空间更好地发挥作用，提供更好的服务。在设计过程中应该优先考虑读者、图书和信息技术的重要程度，同时将这些因素之间的动态关系考虑在内。对于大学图书馆而言，空间设计需要在教学、学习和科研团队的需求中寻求平衡点；对于公共图书馆，则需要在休闲性和娱乐性之间寻求平衡关系。图书馆新空间应当为读者团体的需求服务，根据不同的需求作出不同的响应。

2. 可适用性

可适用性要求图书馆空间在利用时能够灵活地进行改变。

要想设计出面向未来的图书馆空间是十分困难的，但需要考虑一个关键点，即在图书馆空间规划时需要考虑多远的未来？对图书馆未来空间的大小和特性的预测受到信息时代图书馆的服务如何转变的影响。正如部分学者说的："你不确定这些空间是否会被利用，但你必须为这些空间的使用提供机会"。大多学者倾向于对更远的图书馆未来空间进行规划。

在设计图书馆空间时，由于信息技术、组织结构和用户行为等因素在未来都有较大的不确定性，这就要求图书馆建筑需要具备高度的灵活性。这意味着在图书馆空间进行重塑时，只需要将书架和设备等重新布置，以最低限度地破坏改变图书馆的内部空间。然而在实际规划的过程中，想要实现长期的灵活性功能，相比于短期功能的实现要耗费更多的经费，这就要求规划师更加务实，在资金耗费和可适应性之间达到平衡。传统的图书馆建筑规划常以楼层支撑足够的书架负荷来进行设计，现代的一些图书馆却选择移除部分书架来支持读者的信息技术使用需求。一些以信息技术资源为主的学习资源中心已经开始按办公室的楼层负荷标准而非以往的书架负荷标准进行设计，以此减少资金投入。但是，在节省经费的前提下，还需要保证图书馆建筑的灵活性，否则就会本末倒置、得不偿失。

3. 易访问性

易访问性要求当代图书馆空间是一个醒目的、便于使用的、促进独立的社交空间。

对于大学而言，图书馆是大学的学术中心，在学校的学习、教学和科研方面发挥着关键作用。因此，图书馆应当尽可能被读者轻易地访问，同时鼓励和欢迎读者使用图书馆的服务。图书馆可以通过传统和电子两种模式的资源来迎合读者多样化的学习和科研风格需要。

易访问性还应体现在图书馆空间中，空间布局需要明晰、简约，减少读者对图书馆整体结构的了解，将重点放在空间指示的简单和明确方面，帮助读者轻松找到独立发现和研究的场所。目前馆内的指路系统逐渐丰富化，如电子指示牌、等离子屏幕，传统的图书馆入口逐渐被访问控制和自助服务系统代替。对于全天开放的图书馆来说，在实现易访问性的同时还需要考虑建筑、馆藏、家具、设备的安全性和坚固程度及读者与馆员的安全。

4. 多样性

多样性要求图书馆空间具备学习、研究和休闲等多样的空间选择。

当代图书馆需要立足于读者不同的学习方式和风格，提供多样化的学习环境。在图书馆空间里，读者可以根据自己的步调和时间搜寻信息，这样既能在图书馆找到安静学习或独立学习的空间，又能找到小组协作和交流的场所。图书馆空间还需要配备多种形式的阅读和学习空间，如单人桌、形状不一的多人桌、小组学习室等。有些读者倾向于活跃的社交型学习环境，有的更喜欢安静的学习空间，图书馆可以通过设置隔板、书架、围网、三面隔板阅览桌等形式为喜好安静的读者提供空间。

5. 交互性

交互性是指图书馆具备增强读者和服务之间联系的组织有序的空间。

当代图书馆应当在馆藏、服务、读者和信息技术提供的空间之间寻求平衡，保证图书馆的有序性，这样能够最大限度地利用现有的图书馆空间，也能促进读者之间的交互，为读者提供更好的服务。前台、咨询台、小组学习室等都是当代图书馆互动的主要区域，同时图书馆逐渐出现一些交互式和基于经验的新型活动空间。

6. 有益性

有益性指图书馆能提供激励和启发人们的高品质的人文空间。

当代图书馆的环境应该有利于读者的学习和反思，对读者进行激励和启发，让读者在图书馆空间中感到舒适和安全，传达出一种品质感、价值感和场所感。通过设计新奇的建筑、吸引读者的多功能内部空间来提升馆内的环境氛围，也可以适当地在馆内布置一些绘画、雕塑、彩色玻璃等文化艺术品。高品质的装饰风格不但可以提升图书馆的层次感，还能延长其使用寿命，减少维护次数和费用。同时，噪声、色彩等方面的设计对当代图书馆空间的有益性也存在一定程度的影响。

7. 环境适宜性

环境适宜性指图书馆能够为读者、书籍提供适宜的环境条件。

在理想状况下，图书馆的湿度、温度、灰尘、污染等级都可以进行有效的控制。当代图书馆自然或被动通风设计都为图书馆的空间设计提供了一个可持续的解决方案。事实上，任何建筑的能源管理系统都需要符合最低的设计标准，促进建筑物与周边环境的融合，维持碳平衡。图书馆空间的自然光和人造光都需要为读者和书架提供持续有效的照明，同时还需要考虑使用计算机的读者和图书馆员工的工作光线环境。某些图书馆空间设计大量的玻璃幕墙，虽然一定程度上为读者提供了享受室外景色和自然光的机会，但也会出现噪声、光线过强、眩光等问题，这就需要图书馆配置多层玻璃、着色玻璃、太阳光反射膜、百叶窗等设施来减少相关问题。

8. 安全性

安全性指的是对图书馆馆内的人员、馆藏、设备、数据和建筑物的安全性保护。

图书馆的人员、馆藏、设备、数据和建筑物都存在安全风险，图书馆安全性设计需要适应当下的健康和安全法规，要求在信息技术设备的安全性、工作时间与非工作时间的管理安全等方面多加注意。有时，安全性会与便捷性、美观性会产生冲突。

9. 高效性

高效性意味着节省空间、人员和运行成本。

大学图书馆越来越重视图书馆的最低运行和维护成本，要求图书馆高效且经济地运作。近年来，图书馆的空间管理、使用和高效性、生命周期成本受到更多的关注，其空间项目也要求证明大量的资金投入是物有所值的。为了高效且经济地设计图书馆，一些大学可以考虑在现有建筑的基础上进行扩建和翻新，而不是花费巨资建造新的图书馆。对于图书馆的空间设计而言，可以考虑将一些较少使用的馆藏放在移动书架上，或者放在校内或校外的书店以提高经济效益。

10. 信息技术适用性

信息技术适用性要求图书馆为读者和馆员提供灵活性的服务。

图书馆空间应当让读者充分享受信息技术发展带来的效益。在建筑规划中，应当划分至少15 %的经费用在为信息通信技术服务所需要的电缆、连接设备、硬件、安全措施等支出方面。为了使重新规划更具灵活性，一些图书馆的计算机常被放置在普通的桌子上，还有一些图书馆则将计算机放置在专门设计的计算机桌上。针对计算机不同的使用方式采用不同的摆放方法，像教学空间的计算机常以聚集的形式摆放。个人学习所使用的计算机则分散式布局。无论如何设计，计算机都应以更吸引人的摆放方式为馆员和读者提供一个高质量的数字学习环境。目前越来越多的图书馆空间被应用到信息技术服务和信息技能培训领域，新兴设备的兴起也对图书馆的空间设计产生影响，向自助借还机器、自助服务亭、智能卡片系统都会冲击原有的图书馆布局。

11. 吸引力或惊奇性

吸引力或惊奇性要求图书馆提供能够抓住读者的心，并体现机构精神的、鼓舞人心的空间。

这属于一个补充性特征，优秀的设计师将所有特征集合到一起并在这些特征之间取得巧妙的平衡，通过设计一个特色鲜明的建筑和使人身心愉悦的内部空间来吸引读者，体现机构的精神特质。这一特征强调所有的特征融合在一起，给读者惊奇的体验，注重一种综合性感受。对读者而言可以具体体现在能否迅速、简单地找到所需要的资料，在体验后的总体感观等方面。

三、图书馆的空间分类

根据不同学者的观点，图书馆空间的种类也有所不同。

（一）按功能分类

图书馆规模、类型的差异性不论，其主要分为藏书部分、借书部分、阅览部分和内部业务。其中藏书部分是图书馆最主要的部分；而按照图书馆的特性，又可以包括基础图书馆、辅助书库、储备图书馆和各类特藏书库。借书部分包括报刊的目录室、出纳房等，是读者借、还书刊的总枢纽。而阅览部分有各类阅览室和研究室等，是阅读活动的主要场地，在书库中占据了很大比例。内部业务，有办公室、管理、采编及加工用房等。另外，还有专门为读者服务的门厅、储物处等服务设施。

（二）从读者需求的角度分类

有学者从读者需求的角度将公共图书馆空间分为支持实体阅读的空间、

支持虚拟阅读的空间、支持精神交流的空间和支持相关服务的空间四类。

1. 支持实体阅读的空间

支持实体阅读的空间是读者进行纸质文献阅览及借阅服务的活动场所，为读者提供了良好的物理环境进行阅读和查询资料。对支持实体阅读的空间进一步细分又可以分为阅览与借阅区域、专门读者及特殊群体区域和实体阅读区域三个区域。

2. 支持虚拟阅读的空间

它是实体阅读空间的延展。一定程度上来看，馆内的虚拟阅读空间与实体阅读空间有一定的共性，都提供相似的服务；另外，移动图书馆的虚拟空间将实体图书馆建筑虚拟化，打破了空间限制，满足读者的个性化阅读需要。它又可以细分为电子阅览区域和移动区域。

3. 支持精神交流的空间

支持精神交流的空间，指的是图书馆根据“第三空间”等社会公益空间设计理论，为读者提供精神沟通等服务的建筑空间。这一空间设计主要迎合了读者的精神需求、教育需要，给读者带来了综合性的服务感受，可划分为休息娱乐区和展示、教学区两种。

4. 支持相关服务的空间

支持相关服务的空间，这类空间利用咨询服务技术手段，解决了读者的资讯需要、环境要求和个性化需要。

（三）按书的空间和人的空间分类

部分学者将图书馆分为“书的空间（资料信息的存储空间）”和“人的空间（人的活动空间）”。“书的空间”指的是包括书、刊等实体与电子虚拟信息设备的空间；人的空间则包括行走、阅读、社交活动、借阅、办公等空间，包含了读者和馆员各自和共有的活动空间。

（四）按信息资源的储存和利用分类

图书馆的基本空间分为信息资源储存的空间和信息资源利用的空间两大主要部分。此外，还包括行政办公、内部业务等必不可少的空间种类。图书馆并非单一的局部空间组成，还包括了连接不同局部空间的交通空间、大众活动的空间和必要的辅助空间。

信息资源储存空间，又被称为藏书空间，是图书馆传递和利用信息资源的枢纽，在现实空间多表现为书库、期刊室、特藏室、多媒体资源存储空间等。这类空间设计在结合信息资源的种类、数量分布状况等要素的基础上，合理设置各个空间的水平关系和楼层分布。

信息资源利用空间，指的是图书馆的普通阅览空间、报刊阅览室、电子资源阅览室、个人研究空间、信息共享空间和其他辅助服务区域等空间。信息资源的合理利用在于满足用户行为习惯和空间需求的空间布局。以信息资源的储存和利用两大功能为基本，图书馆的功能和空间类型在不断延伸。在高校图书馆设置信息共享空间和学习共享空间，在公共图书馆根据不同的读者团体需要提供不同的阅读环境，在信息储存和利用的基础上最大限度地利用剩余的空间资源，为读者提供更多的休闲、交流、娱乐空间。

图书馆的公共空间指的是除了信息资源储存和利用空间以外的社会活动空间，包括交通空间和辅助空间等，像门厅、休息区等。门厅与走廊是人和图书馆必备的交通空间，门厅多用于接纳、分配人流，同时兼顾宣传和展览的任务；走廊多用于人流的疏散和业务流通。两层或以上层高的图书馆还需要设计垂直交通空间，包括楼梯、垂直电梯、自动扶梯等形式。图书馆一些特别位置的楼梯，甚至还有装饰和美化内部空间、渲染空间气氛的作用。传统的辅助空间多包含目录厅、借还厅、信息咨询区等。随着技术手段的不断改进，也出现了越来越多的图书馆辅助空间种类，如演讲厅、展览厅等设施。

图书馆的办公空间分为业务空间和管理空间两大模块。信息资源的采集和加工都在图书馆的物理空间进行；管理空间包括各类办公室，这些日常办公的空间应当根据馆员的工作流程和需求进行设计规划。

（五）其他分类法

部分国外学者也对图书馆空间的类型进行了归纳，如凯斯·梅特卡夫将图书馆空间分为馆藏储存空间、读者和馆藏容纳空间、馆员和多用途空间三类。弗雷德·施利普夫将图书馆空间划分成读者座位区域、馆藏储存空间、公共服务空间、项目和研究室等。

第四节　图书馆与当代社会

一、图书馆应当成为推动知识经济的重要支撑

现代人类社会已经步入了信息时代和知识经济时代的“双时代社会”，这一时代的主要特征表现在以下几方面：

①经济全球化对社会发展提出了更高的要求，尤其是在适应性、创新性和知识处理速度等方面；

②专门知识的价值得到认知，人们创造财富的专门性知识受到空前重视，它们体现在组织程序和日常生活的方方面面；

③网络信息化和互联网的普及，更新了人们的生活方式和学习手段；

④知识和人力资源成为社会经济发展的根基，获取和创造各种知识的能力成为现代社会人类发展最重要的因素。

一个国家能否在知识经济时代取得领先地位，取决于这个国家的创新能力和创新手段。基于此，我国政府也提出了“创新中国”的发展理念，强调构建国家创新体系，这一体系包括图书馆在内的一切与之相关的社会组织。由此可见，无论是机构还是职能上，图书馆都是国家创新体系链中重要的一环，成为社会经济、数字经济的驱动力。

知识量的激增、全球化进程进一步深化是信息时代和知识经济时代最大的特征，移动互联网的普及使得信息传播由分散走向一体，过去由图书馆承担的一部分功能被互联网、人工智能等机构替代。图书馆的信息中心地位受到动摇，这一趋势已经出现，需要图书馆界慎重应对。

二、图书馆应当帮助用户培养终身学习的理念

现代终身教育理念是时代的要求，是人类社会发展的需要。纵观教育理念的发展历程，在20世纪上旬，保尔·朗格朗就首次系统地阐述了“终身教育”的概念体系。他认为教育贯穿人的一生，帮助人们获得生存必备的知识

和技能，以满足社会的需要。保尔的终身教育理念和原则逐渐受到世界各国政府的重视，不少国家将终身教育原则上升到了国家法律层面，为教育提供法律保障，建构教育新体系。

国际世纪教育委员会进一步倡导和发展了“终身教育”的观点。其认为教育不应该简单地分为学校教育和继续教育，这样的分类过于片面化。事实上，人的一生都能用来学习，学习并不限于人的某一阶段，教育是一种帮助人们获得有关世界、有关其他人、有关自己的“知识”的所有活动。一方面，需要在人们心中树立教育可以满足工作和职业变化的需要这一理念；另一方面，还要发挥终身教育在培养性格、发扬个性等方面的作用。终身教育能够促进人的全面发展，培养人的综合知识和技能，引导人进行正确的价值判断和实施恰当的行为。

这一报告重视发挥基础教育的引领作用，主张学校要帮助学生树立学习的欲望、体会学习的乐趣，引导学生开发智力，将知识应用到社会实践中去。

终身教育与学习型社会相辅相成、互为前提。学习型社会促进终身教育的发展，终身教育反过来构建学习型社会。

从广义的角度来看，在构建学习型社会的过程中，无人不学、无处不学、无时不学。

学习型社会具备六大特征。

①学习和教育贯穿一个人的始终。一方面个人根据需要制定终身学习的规划；另一方面，社会为其提供持续性的、全面的教育机会。

②学习和接受教育不能局限于学校。

③不同形式的课程和教师都需要统筹协作，以使学生适应社会上各阶层的教育需求。在学习型社会中，每一个人的生命发展阶段都是不受外力限制，自觉地形成经验、学习知识、积极创新认知的学习过程。这类教育过程必须是一种个人积极创新的学习方法，而不是既定的被动接受学习方法。

④考试成绩在人才选择时仅具有相对意义。

⑤学习型社会注重人的全面发展，鼓励社会每位成员德智体美劳的全方位发展。

⑥学习型社会强调终身教育。传统教育局限于知识的传递层面，具有片

面性；学习型社会通过终身教育帮助人们建立正确的世界观、人生观和价值观。

联合国教科文组织主张："应当借助现代信息通信技术和社会方面一切的手段和渠道来传播知识，向人们宣传教育社会问题。此外，还可以调用图书馆、电视、多媒体等媒介手段来调动全民接受教育的积极性。"

为了促进终身教育，打造学习型社会，需要利用传统的信息传递途径和新兴的信息传递途径。传统的信息传递途径，包括了家庭、校园、社区、图书馆等；而新兴的信息传递途径，则是通过一种现代化的资讯、教学手段和社会互动方法，如互联网、光盘及新兴的多媒体技术等，来克服人们在信息方面的地理性、社会化和经济性上的差异，从而促进信息教育的普及、推动人的终生学习。

目前，丰富的学习资源（如名校公开课、慕课等）为终身学习提供了广阔的平台。以智能手机为代表的移动互联网技术，帮助社会成员平等地获取所需要的信息，比以往任何获取信息的手段都要快捷有效。

当今世界，社会拥有的绝对信息量远远超过以往任何一个阶段，并以几倍的速度增加。这些信息既有如何改善生活的知识，也有提供学习方法的知识。在此基础上，人们只有持续地接受教育，不断提高信息意识和信息筛选判断力，发挥信息资源在促进人的全面发展方面的建设性作用。

20世纪90年代，联合国教科文组织在泰国召开世界全民教育大会，明确提出"全民教育"的理念，旨在让社会的每一个人（儿童、青年和成人）都能够拥有受到基本教育的机会。基本的学习需要能够帮助人们依靠自己的能力，有尊严地生活和工作。

联合国教科文组织在阐述教育对人的生存及生活质量的意义时，又一次重申了继续学习的理念，即终身学习理念。这一理念要求教育贯穿人生的每一个阶段，充分发挥家庭和社会的教育功能，同时结合学校教育，构建一个普及全社会的教育网络体系。

三、图书馆成为学校等机构的信息中心

图书馆成为社区、学校、机构的信息中心，是当地信息的需要、公益性

信息的需要。

公共图书馆作为传播教育、文化和信息的载体，能够满足人们的精神需求，指引人们寻求和平与精神幸福；同时，图书馆作为一个社会文化教育机构，具有社会公益性，是科学普及、社会教育和信息传递的枢纽。

在一篇名为《新图书馆：人民的网络》的研究报告中，对未来图书馆作出这样的了设想。

①明天的图书馆将成为社会各阶层在社会生存和发展的重要基地：培养社会成员的专业技能，帮助他们运用所学知识和技能就业、创业，在信息时代的浪潮下收获成功。

②明天的图书馆将成为新的国民教育体系重要的一环：在全球范围内制订学习网络计划，获取全球性的学习资源，与学校达成合意，打造“家庭作业俱乐部”，提高学生的阅读能力，培养他们的思维方式，激发他们的创新意识。

③明天的图书馆具有无偿性，无条件地向社会的每一位成员开放。

④明天的图书馆将继续向社会成员提供各种日常资讯、有价值的休闲和文化机会。

⑤明天的图书馆将使人们更充分地参与民主进程。借助现代通信技术，人们将获得地方、中央政府乃至区域内的各种信息和服务，直接或间接地参与民主事项，为社会民众提供更多的机会参与民主决策。

公共图书馆属于非营利性机构，其基本服务应当是免费的。公共图书馆该是依法设立的、无偿对任何人开放的机构。我国规定了公共图书馆应当贯彻免费服务的原则，在以下服务不得收取费用，包括但不限于文献信息的查询、借阅，阅览室等公共空间设施场地开放，国家规定的其他免费服务项目。

四、图书馆应当成为信息产业的重要一环

信息产业是信息经济时代的主导产业，是以信息为资源，以新兴的信息技术为手段，对信息资源和信息技术进行研究、开发和利用，生产、储存、传递和销售信息产品，服务于社会经济的综合性生产活动的行业。

信息产业主要包括信息技术产业、大众传播媒介、信息处理服务业、信息咨询业、其他信息传播中介及教育产业。

从信息产业的构成来看，图书馆是中国信息产业的主要部分，并具有重大的战略地位。而当今世界最先进图书馆事业的蓬勃发展充分地说明了：图书馆界可以在大数据服务业、咨询业、信息科技市场和许可贸易业上大有建树。

然而在多数国人眼中，图书馆长期处于社会公益事业领域，与国民经济建设和信息工业概念之间缺乏直接关系。这主要是因为，中国图书馆界长期在漫长的计划社会主义市场经济制度下依赖国家的资金进行运作，经费有限，也缺少对如何建设信息产业、用好文献资源开发信息资源，从而更好地为我国经济社会建设服务的思考。

随着社会市场经济的主导作用愈发明显、信息产业的逐渐兴起，这一状况有所改善。但由于社会信息需求不足，我国图书馆在信息产业中发挥的作用有限。

第二章　当代图书馆空间设计的基础理论

当代图书馆试图借助创新性的设计及提供相关服务来扩大他们的空间，比如创客空间、协作空间等。当下许多图书馆馆员为了设计更优的图书馆空间以满足读者对信息技术学习的需要，开始向人类学家、建筑师、室内设计师等专家咨询。

空间问题是一个包括了基础研究与应用研究在内的诸多学问的交叉领域。有专家在深入研究国内图书馆空间的发展脉络进程的基础上，提出图书馆空间研究尚处于起步阶段，并撰写了多篇学术论文，研究图书馆空间设计与建筑学之间的内在联系，深入研究了大学图书馆藏阅空间布局、大学图书馆的内部空间问题、大学图书馆整体建筑空间结构的拓展等问题。而随着计算机技术的日益成熟，加上计算机的广泛应用，计算机技术学科和图书馆的融合也反映在了空间问题研究上。另外，在空间问题研究上，图书馆也和教育学、法学、社会学等专业领域有着紧密的联系，专业交叉特色突出。

第一节　建筑学与室内设计学

一、建筑学

建筑学是一门为人类创造生存空间的科学和艺术，是一门连接工程技术和人文艺术的学科。对于当代生态建筑学来说，其在有机联系的前提下，遵循生态规律，揭示和协调人、建筑与自然环境和社会环境的关系。图书馆作为一种地标性的公共建筑，是多数人心中的知识圣地，建筑本身也是建筑史上的“东方明珠”。图书馆建设不要单纯追求华丽庄严，要注意利用建筑物的功能，寻求人和资源及周围环境的和谐相处。由于科学与人文之间的广泛交往，当代图书馆已经成为国家公共服务系统和全社会无法取代的重要公共服务组织，已经成为激励学习者的良好场所，是推动信息世界有序化发展的重要社会公器。而在此基础上，利用建筑学和图书馆学领域的交叉性研究成果，可以进一步发展图书馆的空间价值。

首先，图书馆并非图书的简单堆积库。它作为一个物理空间，珍藏了珍贵的馆藏资源，具备特定的功能，为馆员工作、读者学习和进行交往活动提供场所。图书馆另一特征在于，它能够为读者提供有用的信息数据，在一定程度上提升了信息资源的内在价值。不同场地的图书馆建筑有着不同的图书馆空间类型。场地作为一种很古老的文化概念，在不同的使用场合下具有不同的特点，从建筑史学观看，场地指的是将一个人对建筑的构造蓝图进行加工，使之实体化和空间化，能够激发人们的认同感和依赖感。而图书馆的作用在于储存和传播知识、汇聚和管理知识，满足人们对知识的需要，是一个丰富人们阅读知识、供读者学习的好场地。图书馆的人文特质和社会安定特性，使它成了所有求知者的“圣地”。空间再造指的是对旧建筑物的内部空间进行重新规划、改造，使之具备新的功能和作用。

有关于图书馆的建筑学文献，有加布里埃尔·诺代的《关于图书馆建设的意见》和克劳德·克莱门特的《图书馆组织论》。在这二者之中，诺代主要谈藏书，设计理念谈及的较少；克莱门特的著作主要强调装饰、陈列对图书馆的重要性。

20世纪出现了大量与图书馆设计有关的著作。如建筑师米歇尔·布劳尼发表的《图书馆建筑与设备》，此书以现代主义为视角，深刻地分析了图书馆的空间规划、模块化和所谓“功能性”设计。美国建筑师迈克尔·J·克罗斯比的《当代图书馆建筑——公共·大学·社区》一书通过对公共与学校图书馆等书籍的收录，指出空间设计在数字化时代仍然是图书馆建筑设计的重点，物理空间逐渐引进数字技术，图书馆建筑的本质问题并没有因为技术的革新而彻底改变。可以预料，在一定期限内图书馆文献将出现两种分化，一种是图书馆馆员更加关心如何收纳馆藏、提供设备与服务，另一种是建筑设计师侧重空间的考量，二者各自发展，没有达成合意，忽视了使用者的问题。

对于国内建筑设计的著作，国内的研究成果也有重要的参考价值。王文友、沈国尧等人收集了大量改革开放后二十年新建扩建的高校图书馆的优秀作品，集合汇编出版了《高等学校图书馆建筑设计图集》。此书反映了20世纪掀起了以功能组织和服务为中心的教育馆建设热潮。鲍家声先生先后编著了《当代图书馆建筑设计》《图书馆建筑设计手册》，二者对图书馆建筑设计奠定了指导基础，后书为前书的解释和补充，对国内外的图书馆概况进行了概述，阐述了我国图书馆的类型分类。从场所到空间随后深入图书馆选址、造型、空间组织等方面，由大到小、由客体到主体论述了图书馆建筑的设计。

二、室内设计学

室内设计，顾名思义，指的是人们运用一系列的物质技术手段，对建筑物的内部空间进行布局和设计（包括对物理环境、心理环境及文化环境的布局），尽可能地将室内空间环境设计的舒适优美。

室内设计作为一种由人类创造的社会物质活动，能够满足人们对生存环境的需要，其布局理念、手段和目的都是对社会生活需要和期待性的客观反映。随着社会需求的动态发展性和建筑空间的静态稳定性之间的不平衡逐渐被打破，室内设计往往在实际与未来的设计间形成了矛盾，而成了一门带有某种时间烙印的社会发展性活动。为了融合这些“冲突性”，就必须了解建筑空间的功能要求，在室内设计中避免因承担过多的现代期望，而忽视了对未来的留白。

室内设计的步骤可以分为空间规划、空间环境设计、家具的选择与摆放。空间规划要求结合室内的功能，对室内区域进行划分、重组和调整；空间环境设计需要先确定整体空间的主格调，子空间环境的布局设计也十分重要，它能够反映出不同功能区的内容和目标。家具之间的排列组合构成了室内空间环境，主要包括色彩、照明设计、地面设计、图案设计等。

第二节 环境心理学

读者来图书馆做什么？他们对图书馆的感想如何？这些问题都需要借助社会心理学来回答。社会心理学是一门行为、认知和情感研究的科学。在图书馆情境中，行为研究，即观察读者在图书馆做什么、进行什么活动；认知研究，即通过感官、知觉等研究读者在图书馆思考哪些问题；情感研究指的是探讨读者在图书馆的感受。尽管“图书馆心理学”学科理论体系还未健全，但是环境心理学却能解释物理环境和心理过程之间的关系，特别是对于图书馆环境来说。环境心理学的一些研究理论和方法为图书馆的空间规划、重塑和设计奠定了一定的心理学理论指导基础。

一、环境心理学的概念与发展

普洛尚斯基和伊特尔森最早提出了“环境心理学”这一概念，它与建筑学、人类学、生物地理学、环境社会学、城市规划和园林设计等领域都相关。费舍尔、鲍姆等人都认为，环境心理学是研究人们活动和构造过程同大自然之间的交互关系的科学，应该同时从主、客观两方面去研究人们在自然环境活动中与心理之间的交互关系。尽管环境心理学的基本概念还未完全统一，但中外的学者对环境心理学都具有基本的一致性，接受和肯定了人与大自然之间的互动关系，主要差异就是对人类心理和物理环境在人们行为和活动过程中所起的影响和关注程度不同。

环境心理学不同于其他的心理学领域，不同点在于：一是研究方法不同；二是研究的问题和情景的种类不同。环境心理学的研究以户外的观察性研究为主，而非简单地待在实验室研究。其研究的主要方向是探讨人与各种环境的适应性。环境心理学侧重于观察环境对人的行为、情绪的影响程度和决定作用，其主要特征如下：

①将“环境—行为”关系作为一个整体；

②注重“环境—行为”关系的交互作用；

③研究课题以解决现实需要为目的，其基础理论与内容来自实际研究，强调解决实际问题；

④涉及的学科领域较广，包括心理学、园林规划与设计等多个学科；

⑤多采用折中研究法。

环境心理学以人与环境的相互作用为基点，认为在这一作用下，个体能够改变环境，环境也会影响个人的行为和表现。在图书馆设计中，环境心理学通过对环境的分析研究，结合人的心理需要，将人们的心理需求融入空间环境设计当中，对空间环境进行布局、改善，提高读者的舒适感和愉悦感，体现了人性化的设计特点。

二、世界观研究方法

世界观决定方法论。图书馆空间心理学研究领域亦是如此，研究者的世界观决定了他们在研究图书馆时采用的研究理念。奥尔特曼等学者将这些世界观视为心理学研究和理论的哲学基础、心理学研究方法一般有特质、交互式、有机体、互影响四种世界观。

1. 特质世界观

特质世界观注重从个体的内部解释心理现象。在这种观点的影响下，多研究的是影响个体行动、思维和感想的特质，这一特质具有持续性、稳定性。对于图书馆空间研究，这种世界观将个体的外向性和内省性同图书馆中偏向清净空间或公共空间的倾向性有机地结合起来。特质世界观多用于研究哪些读者倾向于来图书馆及哪些读者偏向远程访问资源。

2. 交互式世界观

交互式世界观认为具有个性特质的个体同社会与物理环境的交互产生了心理现象，大部分心理学研究都是围绕这一角度展开的。交互的变量常与简单的因果关系结合在一起。在图书馆空间心理学研究中，交互式世界观相比于特质世界观增加了“人口数量”这一变量因子。占地面积或人口密度和个体的外向性和内省性一同影响着个体对图书馆空间的选择偏向。

3. 有机体世界观

这一世界观强调生物有机体的概念，有机体世界观从可维持最佳功能状态的有机系统的基础上而非简单的因果关系去研究心理现象，使得心理结构的运行在一个生物体中保持内稳态。如图2-1所示。

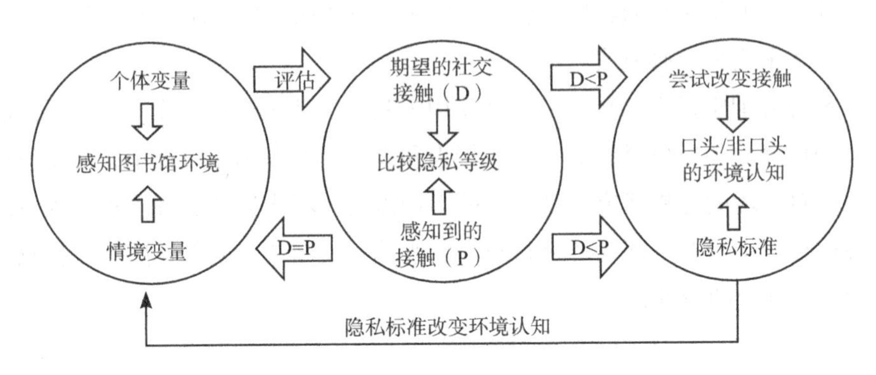

图2-1　有机体世界观应用于图书馆环境模式图

上图展示了一个相对简单的有机体模式，这一模式使得奥尔特曼的“隐私理论”更好地应用于读者调节图书馆的社交之中。该模式最左边的圈表示读者对图书馆环境进行感知，读者从个体本身的变量（如外向性和内省性）和情境变量（如设施占地面积）两个层面对图书馆环境进行估量。评估部分将这一模式进入第二阶段，即中间的圈，读者将对自身所期望的社交接触（D）与在图书馆环境中所感知的接触（P）进行隐私等级比较。当D=P时，表明这一隐私等级匹配，那么读者就不会有任何行动，他们会回到最左边的圈开启一个循环模式继续对这一环境进行评估和监视。当这种隐私等级不匹配时，就会进入第三阶段，即最右边的圈。当D小于P时，读者就会感觉到孤单，会需要更多的社交；当D大于P时，读者会感觉自身的空间变得拥挤，他们就会减少接触，根据接触的等级来调节自己的隐私等级。如在图书馆内，如果一个读者坐在靠近嘈杂小组的附近，但他不希望有接触，隐私校准就会通过口头提醒“请保持安静”、非口头处理“怒视这些喧闹的读者”、环境式处理“离开座位寻找一个更安静的区域”、认知式处理“尝试忽视这些噪声”等方式进行调节。隐私校准需要读者重新评估所处的环境（重新开启这个模式），借此带来实际或能够感知的环境改变。有机体世界观应用于图书馆环境模式图描述了一个读者尝试将其与其他人接触的期望值和感知值达到平衡的“隐私生态”。

4. 互影响世界观

互影响世界观与以上提到的世界观存在本质的区别，这种世界观分析问题更为全面，试图从整体角度理解环境，将每个环境视为独一无二的。图2-2所示为互影响世界观应用于图书馆环境模式图。

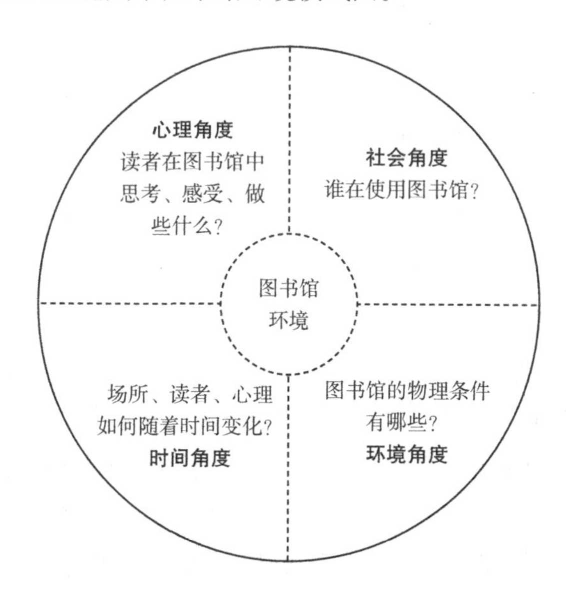

图2-2 互影响世界观应用于图书馆环境模式图

从图2-2可以看出，相对于简单地寻找图书馆环境中前决条件和结果之间的关系，互影响世界观倾向于从社会、环境、心理、时间四个角度来定义图书馆环境，观察、辨别、描述和理解这一关系。这四个属性并非排斥的变量因子，属于环境的相互作用特征，帮助研究者更好地理解人在图书馆环境中的心理状态，理解他们和谁在一起、他们在哪及何时何地发生的。

事实上，在图书馆空间研究的过程中，并不是只采用某一种世界观来进行研究，而是常使用多个世界观来进行环境研究。

三、图书馆环境心理学属性

在分析人的会行为与空间的关系方面，环境心理学采用了领域性、隐私性和个人的空间学说。哈里斯等学者运用科学世界观和哲学角度及把握环境心理学属性的基础上，将图书馆环境中的心理学属性总结为七个方面。如图

2-3所示，该图阐释了图书馆环境中的心理学属性。

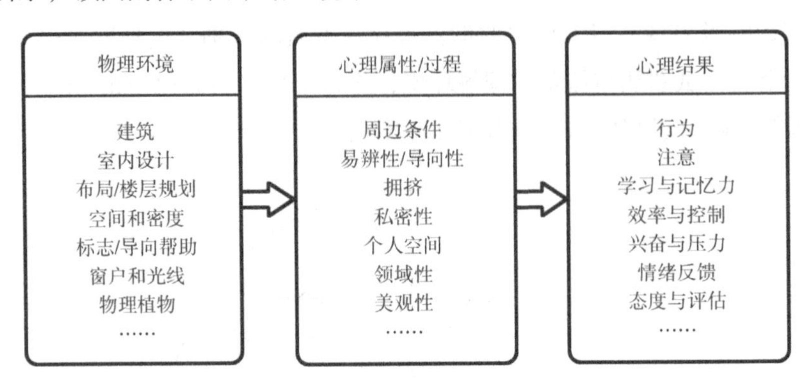

图2-3 图书馆环境中的心理学属性

（一）周边条件

周边条件指的是当下我们周围生存环境的一些要素，如噪声、温度、光线等。这些要素十分重要，与室内周边条件和所处这一空间的居民的健康、舒适程度、工作效率等息息相关。在学习情境下，糟糕的周边环境通常给学生的行为、满意度、记忆力等方面带来负面效果。由于个体的需求存在多样化，不可能存在所有人都满意的周边条件，因此环境的可控性就显得尤为重要。个体可以对自身所处的环境在不影响他人的前提下进行适当的调节，或者寻找一个更为满意的空间环境条件来迎合自身的需求。

1. 噪声

噪声是一种令人厌恶的、无法控制的、提前知晓的声音。它能够直接影响个体成员的身心，甚至间接影响个体的社会行为。马修和坎农的研究表明，噪声会引起人们不适的心理，带来不愉快的心境，进而影响个体的助人行为。相关研究表明，噪声深刻地影响着个体的工作绩效、人际关系和身心健康，并对此产生持续性作用。

尽管图书馆一直被认为属于一个安静的空间环境，但当代图书馆开始从以往的只为阅读爱好者和学术科研人员提供安静的场所，慢慢转变为额外提供计算机实验室、团队学习室和社交区域等多种用途的设施。这些技术和社交活动在一定程度上带来了噪声。相关的研究表明噪声等级对任务的影响取决于学生自身的偏好，学生将噪声等级视为挑选学习区域重要的条件之一。部分学生对噪声极其敏感，一些学生根据所要完成的任务而选择不同的噪声等级区域。噪声对外向型和内向型读者都会带来烦躁、焦虑的情绪，对于内向型读者而言，即便是相对温和的噪声也会影响他们的阅读状态。

从读者个性的角度观察，相对于偏向安静学习环境的读者，倾向于略微嘈杂的学习环境的读者更容易接受背景噪声。同时，噪声影响写作的流畅度，研究者将被试人员安排在不同的声学空间要求他们写一些简短的文章，结果表明，背景噪声更小的环境下的被试人员能写出更多的单词并且写作过程中的停顿次数少于背景噪声明显环境下的被试人员。赖特森等人提出了利用空间来建立缓冲区，以解决噪声问题。如果嘈杂的小组研究室设置在离安静区较远，就无需添加额外的屏障。在大学图书馆中，一些学习区域有些嘈杂，但只有少部分读者认为三面隔板阅览桌区域过于嘈杂，因此在学习区域内为读者设置屏障或遮挡板会一定程度地减少他们的噪声焦虑感。此外，图书馆还可以借助在地板上铺设地毯、在天花板上安置隔音砖等手段来减少噪声干扰，为读者创造一个安静、舒适的阅读环境。

2. 热舒适

热舒适是图书馆周边条件另一重要属性，包括温度、湿度、通风等状况，以及读者的个人因素，如穿着等。在工作环境下，热度是影响工作效率最主要的环境因素，学术环境下同样如此，极端的温度大大影响着学生的学习效率。过高的温度及缺少通风的环境让读者疲惫、无力、感到燥热，对这一空间区域失望。从温度角度来看，最适宜的用脑环境温度在20℃~25℃，温度过高或过低都会对个体的思维和判断能力产生负面效果。与此同时，区域内的温度和光线也会影响图书馆的物理馆藏。

一些学者对学习效率与图书馆室内温度的关系进行分析调查，结果显示室内温度与学生的思考速度、学习效率、学习的持续性都一定的关联性，学生也认为在感觉凉爽的情况下学习效率更高。对于图书馆室内的空气质量优化，金建军等学者提出了建设绿色低碳建筑、选用绿色环保的装修材料和家居设备、降低噪声污染、保持良好的通风、合理采用自然光、保持室内的整洁、馆内定期消毒、搞好室内植物绿化、加强读者的公共空间意识和环保意识等策略，以改善馆内环境，提高空气质量。

3. 光线

读者的舒适度和效率也受到光线因素的影响。图书馆馆内的光线要满足各种活动的需要，如阅读、使用计算机工作、与人交流等。基利克等学者通过研究发现，工作区域的亮度影响学生在这一区域所待的时间长短，同时学生更热衷于选择光线较好的偏近窗户的座位。但是，光线太强也不利于学习环境，比如需要使用计算机或者文稿演示的会议室等空间无需过多的灯光和窗户，以保证所有人能看清屏幕。太阳光引起的眩光可以通过茶色玻璃、悬挂窗帘或百叶窗进行调节。书本或展示品应避免被强光直射，因此不妨在空间的中间部分摆放书架并于窗户周围设置阅读区域。同时，为读者提供可以控制光线的设备，像调光开关、阅览桌单独的照明等。根据读者所处的空间环境不一样提供不同的照明情况，以满足读者对光线的需求。

（二）易辨性

空间环境的易辨性要求环境部分能轻易被识别，容易被组织成一个整体。一个易辨性的环境具有高度的导向性，帮助读者不费力气就能说明、学习和记忆，轻易进行定位并找准位置所在。图书馆的空间易辨性十分关键，这意味着读者能较容易地找到自身所需要的信息、书籍和服务。在这一属性下，由于读者倾向于从咨询台或馆员处寻求导向帮助，因此图书馆咨询台的摆放位置也变得尤为重要。

在图书馆，除了基本的导向指示之外，还可以对一些设施标记“左—右”指示来引导读者找准方向。基于图书馆的物理属性，可以借助建筑物的导向设计和信息导向设计来提高其易辨性。

1. 建筑物的导向设计

建筑物的导向设计对空间的楼层进行合理规划。图书馆的布局不宜过于复杂，否则就变相增加了读者找到所需要书籍的困难。在理想状态下，图书馆需要对易给读者造成困惑的楼层进行规划调整、优化路径、增加视准线，但这种调整在一定程度上要求更多的资金投入。

2. 信息导向设计

信息导向设计指的是适当改变环境标识，如指示牌，为读者提供线路指导，也可以在容易使人混淆的交通区域放置标识或者安排馆员值守等，这一设计花费较少。与此同时，由于读者常常借助书架的末端标识寻找书籍，馆员不妨对这些标识的可读性进行评测，适当情况下使用更大号的字体。尽管标识和地图是常用的导向工具，但是一旦不清晰、难以辨认、有冗余文字、颜色选择不对，甚至贴错了位置、被损坏或久未更新，图书馆的易辨性就会大受影响，从而影响读者的阅读体验。

（三）拥挤

拥挤指的是在一定的空间内，如果人员过多就会给读者带来消极的主观感受。密度和拥挤是社会行为的两大要素。密度本来是一种单纯的物理概念，是一个客观存在的状态，指的是在一个特定空间内人口的总量，或单位空间内的总人口数量；在这以后，就产生了更易于实践运用的社会密度和空间密度概念。前者是一种主观的、相对的定义，而后者则保持着原始密度的含义。如果空间面积减少（空间密度）或人数激增（社会密度），那么人类也会感受到空间拥挤。拥挤和社会密度概念之间具有一定的共性，但和空间密度的大小并不具有严格的关系。科学研究已经证实，空间高密度在男女、年龄和不同的场合下所造成的拥挤程度是不相同的，例如空间的高密度很容易造成男人的心理不适性问题，但对女人的情感负面影响却并非特别大。

造成拥挤感的根本原因，多半是信息超载、过多的人争夺过少空间等现象导致的。在社会实践中，需要根据不懂的情况提供不同的缓解拥挤的方案，如空间分隔、缓解交通拥堵等。在图书馆的空间设计中，空间分隔是最常用且最容易解决的办法。对于图书馆空间设计来说，当读者所处的图书馆空间够大时，会感到舒适而不会感到拥挤。与此同时，拥挤不仅仅是不愉快的感受，同时也会对读者的身体和心灵造成压力和负面影响，从而做出一系列的不愉快行为。从一定角度来说，密度同样会强化噪声的感知，在设计图书馆时，可以通过提供宽敞的场地，将高密度空间区域分割成一个个小的学习房间，或者在局域之间摆放视觉遮挡物，以减少高密度空间带来的不良影响。

（四）私密性

拥挤的另一个不良影响就是减少读者的私密性。阿尔托曼认为，私密性是指个体本身对他人或群体可接近程度进行有选择性的控制。私密性并非指将个体处于绝对隔离的状态，其包括与他人或群体的亲密关系。因此，需要立足于环境和行为的关系，用动态、辩证的眼光看待私密性。国外学者在对居住环境、学校和办公场所等环境进行研究分析后，发现私密的高低取决于个体的身心、学习、生活和工作等方面。私密性包括了独处、亲密、匿名和保留四种类型，是一个动态的过程。从本质上看，空间环境的设计过程，就是一个给读者提供私密性空间的过程。

不同的读者，私密性需求是不一样的，如在隔离区域独立进行学习、在周围有人的区域进行学习或者在一个相对私密的场所开展同伴或小组学习。读者对图书馆空间的满意度取决于环境能否满足或者符合读者的私密性需要。私密性一定程度上影响着图书馆的座位布局。阿普尔盖特提出“理想隔离”假设，即读者更偏向于更具私密性的学习空间，而非公共开放的区域。一些学者在调查后发现，当要求学生对楼层家具的安置提出意见时，大多数人倾向于将单人沙发和工作台等设施摆放在角落，或者放置在远离大门的位置，以获得最佳私密性。哈桑纳恩等人建议在阅读区域或者计算机工作台区域借助分区隔离的方式来增加视觉上的隐私性。

（五）个人空间

以上两个属性都和个人空间分不开联系。20世纪60年代，罗伯特·索默提出“个人空间”的概念，认为在每个社会成员身边，都有一个不可见且不希望被侵扰的空间范围，否则个人就会感到焦虑和不安，就会想方设法保护这一空间不受干扰。一般来说，对于不同个体，其个人空间范围也有所差异，甚至同一个人在不同时期和不同环境下对个人空间的需求也是不同的。由此可见，个人空间是一个有主客观因素掺杂其中，动态的、富有弹性的概念，受到个体的年龄、性别、情绪、人际关系和文化等因素的影响。其包括：亲密距离（0~0.46 m）、个人距离（0.46~1.22 m）、社交距离（1.22~3.66 m）和公共距离（>3.66 m）。

在图书馆空间设计中，需要考虑人的舒适距离，比如可以用设置一些屏障的方式来为读者预留空间，避免读者感到个人空间被侵犯。有研究指出，倾向于独立学习或工作的读者不习惯和别人挨着坐。比如有读者在一个配备了四把椅子的桌子上学习，当出现其他人坐了剩下的任何一把椅子时，该读者就会感觉个人空间受到侵犯。设计师不妨给某些区域配备较少的椅子并保证椅子之间有更宽阔的距离，以此减少读者产生个人空间被侵犯感。

（六）领域性

这是阿尔托曼所提到的另一个重要范畴，领域性指的是个人或群体为实现特定需求，通过拥有或占据某个场所或区域，从而进行人格化和防卫的活动模式，该场所或区域也成了拥有或占据它的个人或群体范畴。领域分为主要领域、次要领域和公共领域。

（1）主要领域

主要领域多指使用者待的时间最长的空间。如卧室、工作单位等。

（2）次要领域

次要领域控制感弱于主要领域，不属于使用者独有。如私宅前的街道、自助餐厅或休息区的座位等。

（3）公共领域

公共领域指的是供任何人暂时或短期使用的场所。如图书馆、海滨等区域。当公共领域频繁地被同一个人或群体使用，就可能演变成次要领域。

领域性行为有两大作用：一是认同感和安定；二是归属感。建立一定范围的领域能够使人们增强对空间环境的控制程度，有利于提高秩序感、安全性。个人空间、私密性和领域这三个概念是互通的，个体领域的变化会导致交往对象存在不同，个人空间就相应地表现出人与人间的交往距离，个人的私密性也会相应地进行调整。这三个要素直接影响着人的拥挤感、控制感和安全感。

个人空间仅作为某一空间的虚拟式使用，而领域则具有“宣告式”的意义，指明了实际的物理位置。在图书馆空间中，读者通过放置书、包、衣物等物品来“标记”自己占领了一个临时的区域，比如一张桌子或一个位置。因此，图书馆空间设计允许读者临时性地占有一定的领域空间。正如上文提到的，当读者看见有人占据了一张桌子，即便旁边还有桌位，在位置富余的情况下也可能会避免使用这个桌子。在图书馆中，用物品占座现象屡见不鲜，这一行为可能有利于读者本人，但也意味着其他读者无法使用这个空间，导致空间浪费，特别是当一个读者占领了一个配有四张椅子的大桌时。因此，为了提高图书馆的空间使用效率，有研究者针对希望安静学习的读者提出了采用桌面分隔板的形式，这类分隔板与三角隔板阅览桌相似，但是是针对大桌放置分隔板以分离出小区域空间，供读者使用。

除了社交调节功能之外，领域还能借以私有化和装饰的方式使读者成为其拥有者。对于公共图书馆和学校图书馆而言，如果将图书馆的某一项设施归属于某一特定读者，将激发该读者的拥有感，同时也能减少损坏和盗窃现象。再比如让读者来负责图书馆艺术品或项目的展示，让读者与图书馆之间产生纽带关系，给读者带来强烈的自豪感，使其将自己视为图书馆的共享者，更加拥护图书馆的规章，同时留意可能违反规则的读者。

（七）美观性

这一属性指的是人们对于某个场所感到开心的程度。科恩夫妇进行了一个关于空间环境的试验，他们将在图书馆的读者分为两组，一组在一间装饰气派的会议室中阅览照片，另一组则坐在门房阅览同样的照片，他们很少有人注意周围的环境，但阅读的结果却大相径庭。坐在会议室的一组人发现照片中的人物全都是保持微笑的；坐在门房里的却认为照片中的人十分严肃。由此可见，空间的美感程度和建筑的功能与行为层面同等重要，不可忽视。

空间的美观性是一个复杂的研究课题，会受到室内空间各种因素的影响。卡斯玛提出了60多个室内美学描述符号，其中包括大小、类型、布局、色彩、光线等。对美观的评价也有多种变量，如不同的场景、文化背景会带来不一样的美观体验。因此，美观对于空间来说十分重要。一个美观程度高的工作场所会提升工作的满意程度，如医疗场所摆放的艺术品会提升病人的满意度，使他们有积极的心态、释放压力。对于学生来说，当校园设计不那么像一个机构且具备美观性时，学生就会感到愉悦、放松。

贝利纳提出的美学与心理生物学的理论，影响着在这之后的环境美学评价。将贝利纳理论应用于室内环境，设计元素会影响用户对这一空间的确定程度。当空间设计的所有元素都被预料到，读者就会对这个空间失去兴趣、感到无聊。但是当空间中的设计元素过于复杂，给读者的理解带来挑战，读者就会感觉这个空间充满压力。因此，空间设计元素应当维持在一个适中的水平，既不能过于简单化，又不能过于繁杂，给读者带来愉悦和美观的感受。这一适中水平一般包括复杂度（由空间设计中的元素种类决定）、新颖性（可以使用新的或少见的设计）、不规则性（思考如何让设计元素从环境中脱颖而出）、意料之外（设计元素超出用户对这一环境的期待值）四个方面。在实际设计中，多种不同纹理的地毯、地面与众不同的色块等都可以带给读者美学体验。

因此，图书馆就必须思考怎样把艺术法则运用到室内环境设计中，比如在居室的空间交流、个性交流、创新空间和工作人员行进路线等各方面的布置和色调选用。同时，必须坚持有秩序、比例合理、和谐与对比、旋律与韵律等个性和共性的设计原则，防止借由空间美化而进行艺术品的堆砌和无序化设置，并强调与规律、创造、实践等艺术理念的融合。

第三节　读者心理学

读者心理学是基于图书馆这一客观环境，一门分析个人内部和个体与群体之间的心灵活动的发展演变，以提升图书馆及其工作人员的生活服务质量的社会科学。其理论研究重点涉及读者心理学的定义、特性、研究范畴、研究方式及研究意义。不同的学术界对读者心理学的定义和性质都有不同的看法，其思路也是相同的，但共同主张读者心理学在一般社会心理学准则的指引下研究阅读心理与活动有关的学科。由于读者心理学的研究覆盖范围很广，其在图书馆空间中的相关研究也是读者心理学的一个重要部分。

读者的感受，即读者器官对图书馆中的客观事物的反映。根据反映的性质和感受器分布的位置，读者心理学将感觉分为外感受器、内感受器和本体感觉。图书馆中的读者的感觉借助外感受器和内感受器手段获得。

外感受器指的是人的体表感受在外界环境的影响下，表现出来的对象和现象的特性，分为视觉和听觉两类，图书馆中的视觉感受借助光线和色彩两个方面刺激。听觉感受多为噪声感受。内感受器通过刺激内部器官产生感受。在图书馆空间中，空气质量、拥挤等都是最明显的内感受器的感受。

根据研究的内容，读者心理学与环境心理学对图书馆的空间研究有一定的交叉性。如两者都强调噪声（外感受器—听觉刺激）、热舒适与拥挤（内感受器）、光线（外感受器—听觉刺激）。

一、视觉

科学研究表明，读者视觉的适宜刺激是波长为400~760 nm的电磁振荡。电磁振荡的波长会影响人们的颜色感官。图书馆空间环境对读者视觉的影响主要是光线和色彩。

光作为视觉感知的基本元素，不仅从生理上影响人的视觉感受，还能直接影响装饰环境氛围、环境舒适度，从而影响人的情绪。研究表明，光照度不同，读者的感受也有所不同，明亮的光照使得读者处于兴奋的激进状态；昏暗的光线打击读者，使读者变得抑郁、疲惫。

二、听觉

场景会影响人们对声环境的要求，人与人之间的交流借助语言。休闲娱乐时美妙的音乐给人带来愉悦放松，而在图书馆，交谈和音乐则会破坏阅读，外界噪声更会直接影响读者的心理和情绪。所谓噪声就是大家“不想听”或“不需要”的声音。图书馆的噪声主要来自以下几个方面：

①办公噪声，包括打字复印、电话传真以及工作人员的谈话声等；

②读者活动噪声，来自读者的行走、桌椅移动、通信交流等；

③外界噪声，馆外的交通、娱乐、操场和学校的生活噪声。

噪声直接影响读者的心理情绪，令读者懊恼，比如焦躁易怒、难以集中注意力等，读者情绪受到较大波动，会降低阅读和学习效率。

三、内感受器

社会的大气质量直接影响人类的工作环境与日常生活，例如居室的空气污染程度远高于室外。经科学研究证实，将近七成的人类疾病是由居室空气污染引起的，特别是在居室改造后，其空气污染程度是室外的数十倍。馆内阅读密度大、开馆时间过长、阅览时间集中等，造成了一系列的空气质量问题。例如馆内书籍陈旧、长期积压所带来的灰尘、细菌等污染，以及过于集中地阅读产生的大量的二氧化碳和新陈代谢产物，还有馆内家具油漆所释放的有害物质等，如果不能进行稀释、抑制，将会大大降低空气质量指标，严重影响读者的心理健康。科学研究已经证实，轻度的室内污染也会影响人的情感和心态，当将被污染的空气吸入后读者会感觉烦躁。重度空气污染则危害身体健康，甚至危及生命安全。如粉尘和微生物吸入过多会导致过敏性鼻炎、肺炎等；二氧化碳和人体代谢中有多种挥发性毒素，严重影响人体健康。

四、色彩

色彩是一种人脑对外界颜色感知的反应，是一种环境刺激。它通过视觉来影响人，如联想、延伸等；还影响人的心理和情绪，如兴奋、疲劳等。环境心理学研究表明，红、橙、黄等暖色调能调动人的兴奋情绪；蓝、绿、紫等冷色调则会抑制人的兴奋状态，抚平情绪。

目前国际照明委员会将色彩定义为：色彩富有视觉感知的特质，这种感知可以通过色相、亮度、色度等属性进行描述。

色彩可以借由多种方式被感知，像颜色刺激的光谱分布，刺激区域的大小、形状、结构和环绕物，观察者的视觉系统等。色彩也能借由不同的模式被感受到，如一个物体、某一特定表面、直射光线等。除此之外，色彩也能在不同的环境或背景下被观测到，如在日光或冷白光荧光灯下、单独呈现或者与其他颜色对比呈现等。从综合的角度来说，色彩就是一种高度复杂的感知体验，这种体验感是综合物理刺激、周边环境等多种特征的产物。

色彩心理学实际上是色彩科学和心理科学交叉的学科。在色彩科学领域，色彩被认为是一系列加工阶段，这一阶段从光刺激出发，然后经过各种可变化的机制和系统（如视网膜、皮层下结构、视觉皮质），达到最终的结果，从而形成一个彩色图像。这一学科关注了大量与心理学有关的主题和问题，但研究方向较窄，仅限于颜色分类、颜色象征等方面。

基于色彩科学的角度，色彩科学想要帮助心理学更深入的融入学科，有三点需要注意。

①心理学领域分析了机体对所受刺激的基本生理和生物学反应，因此可以考虑用心理学指导色彩加工顺序来开展研究。

②将色觉描述为一个光刺激从一个阶段到下一阶段的连续加工过程并不是十分准确的，事实上，色彩加工是在多个阶段同步实现的，是一个物理学、生理学、心理学的交叉过程。

③色彩加工过程的任意阶段都可能被一些高阶的心理过程影响，比如性别、文化、发展阶段和观察者的预期和经验。

由此可见，情感、认知和行为受到色彩感知的影响，同时观察者的心理也会影响光刺激眼球进行加工的基本机制。

在心理学领域，色彩是视觉感知的核心内容，属于心理学研究的“感知”分类。色觉的所有加工过程及其对情况、认知和行为的影响都可以纳入色彩心理学的研究领域。

埃利奥特和梅尔提出了色彩情景理论，研究的是色彩属性和心理功能之间的关系，这一理论框架包括六大前提：

①色彩承载着重要的心理信息意义和接触；

②观察色彩会影响心理功能，包括靠近或回避倾向的基本进程、成就达成的重要结果；

③色彩关联能够被激活，色彩能自主地诱发情感、认知和行为过程；

④色彩的意义和关联的根源在于以学习或生物学为前提的诱因；

⑤色彩感知和情感、认知、行为之间具有交互性，两者相互作用、相互影响；

⑥色彩的影响处于特定情境下，不同的情景带来不同甚至相反的情感过程和结果。

色彩情景理论基于色彩在不同情景的基础上有着不同的意义，不同情境下的色彩使人产生不同的心理作用。

比如红色对人们的智力表现有一定作用。人类长时间以来在日常生活中接触到的信息，如教师用红色标注错误、红色的警告标识等，使得人们将红色同危机、失败等消极的事物联系在一起。研究表明，大多数时候红色会阻碍人的动机和行为。然而红色带来的消极影响结果在不同的文化背景下表现得不一样。比如在我国，红色多用来表示积极向上的内涵，特别是对于我国的股民来说，红色代表“牛股”。

无论哪种行为领域，不同的心理情景会引发不同的结果。如情感状态和特性（喜欢或反感）、任务的描述状态（注重能力评判或不予重视）等。除了心理情景之外，物理情景也对色彩感知有一定的影响，如焦点刺激物的形状、大小、空间位置等。

第四节　教育心理学

学习可以出现在任何场所。其中，高校图书馆空间是主要的学习场地之一，是读者进行非正式学习的空间。

在讲台上，教师的学习理论是课程设计重要的指导理论，教师基于行为主义理论或者认知主义理论将各种学习方式或资料运用到教学领域中。在整个教学课堂中，教师并不局限于一种教学理论。同样的，在图书馆学习的过程中，如何利用理论学习也是图书馆空间需要重视的问题。相比于在正规的学习教室里，愈来愈多的读者寻找类似图书馆空间这般的非正式学习场地开展学习活动，越来越多的大学生倾向于在本校的图书馆而非教室开展学习。因此，对图书馆中的读者如何进行学习、怎样获取知识和学习经验的理解和把握，一定程度上有益于图书馆空间的设计。

在图书馆空间学习时，读者的学习既可以是独立的，也可以是小组式或团队式的学习活动，或者仅通过与他人的交谈开展学习。在一定程度上，图书馆空间推动了读者的学习过程，是一个为读者提供有目的学习的场地。斯科特·贝内特将学习分成启动学习、责任决策、实施和结果四个步骤。第二步骤责任决策要求学习者立足于自己的学习目标而制订学习计划，由此转化为知识、个体性格、价值和生活方式。因此，读者如何在图书馆空间开展学习关乎这一空间的重要程度。图书馆馆员应当收集合理的数据信息对空间的有效利用进行评估，以便图书馆空间更好地为读者的学习提供服务。

在图书馆空间中，读者不局限于一种学习行为，常常开展多种学习，一定学习理论基础指导下的这些学习行为都附带一定的学习目的性。理解学习理论，有助于馆员更好地理解读者的学习行为，从而为其提供更优越的学习空间条件，使图书馆成为读者学习的有机组成部分。

一、行为主义理论

（一）行为主义理论概述

行为主义学说指出，学习者连接着环境刺激和反应，行为是学习者针对环境刺激所进行的反应。这一理论是约翰·华生于20世纪初提出来的，他认为一个人的行为方式取决于环境因素，人类的行为（不论是正常的还是不正常的行为）都是后天通过学习取得的，也能够通过学习进行更改、增加或消灭。

行为主义理论学家爱德华·李·桑代克指出，学习的基本在于“对外力的机械反应”或“奖励”或“效果律”。他认为学习的过程就是不断经历失败以形成联结的过程，基于此理念提出了准备律、练习律和效果律。

斯金纳则认为心理学的关注点并非行为的内部机制，而是能够观察到的外表的行为。行为主义学派主张心理学不应该研究意识，只应该研究行为，将行为和意识放在对立面，二者是对立而非统一的。行为主义者采用的是客观的试验方法，而不是内省法。

（二）行为主义学习理论同图书馆空间的关系

在行为主义学习的理论背景下，在课堂上回答出正确问题的学生可能会获得一个糖果、一个表扬贴纸或教师的口头表扬；在正式的学习环境中最常见的奖励就是测试分数和测试等级。这种“刺激—反应—激励”系统在行为主义者看来能有效推动学生的学习和提高学生的知识水平。

不妨举个例子：在高校图书馆，学生A是一名刚入校不久的大一新生，正在努力适应大学生活，在历史学和英语的课程中有大量的阅读量的学习要求，因此她更乐于找一个安静的空间不受干扰地进行阅读；学生B是一名大学低年级学生，他的课程要求是让他和其他同学一起组成一个小组来开展项目，因此学生B来图书馆则是为了在馆内找到一个讨论小组进行学习项目的交流探讨，他们在图书馆空间内需要使用计算机并进行书写，在开展项目时遇到困难可以轻易获取馆员的帮助；而学生C更倾向于课间时间在图书馆闲逛，在他看来，图书馆肯定能碰到一两个同学或者教授，他认为图书馆是一个闲逛并且与同学或老师探讨课程、人物或其他有关话题的场所。

从行为主义理论视角看，学生A和学生B的学习模式都能证实“刺激—反应—激励”方法。这两名学生将图书馆作为完成学习任务的场所，在这里开展活动有助于完成学习任务。学生还通过使用图书馆空间达成课程任务（刺激）进行反馈以获取奖励（了解学习材料或完成小组讨论），通过特殊的方式在图书馆空间和学习任务之间建立起了联系。在学生的学习过程中，当遇到相类似的刺激（其他课程任务）时，学生就会在图书馆空间进行类似的学习活动。

斯基纳的“条件律”主张通过加大刺激性来强化反馈行为，使得反馈再次出现，强调在行为和环境之间建立联系。因此，图书馆空间布局可以借助某种方式来引导学生的反馈。学生C有目的地在图书馆偶遇同学或教授（反馈），当目的达成时这种刺激就会增强。这类学生将图书馆视为与他人会面的场地，而斯金纳行为主义学习理论的基础性前提就是安排条件，使得合适的行为得以强化。这一理论同样适用学生A和学生B，图书馆空间同样有益于他们的学习活动，学生A借助学习室等安静区域进行学习，学生B选择小组讨论与合作实现学习目的。本质上来看，图书馆空间的设计和布置能促进各种行为，同时在学生的学习过程中强化这种行为。

二、认知主义理论

（一）认知主义理论概述

认知主义理论认为学习的本质在于内部认知的发展变化，学习过程比行为主义者认为的学习过程更加复杂，这一学派强调学习行为的中间过程。其基本观点在于：人的认知并非是外界刺激直接赋予的，而是外界的刺激和认知主体内部的心理过程进行交互，从而获得对事物的理解。

克勒、魏特墨和科夫卡提出和发展了格式塔理论，提出了“顿悟说”。他们认为：

①学习是组合、构造的过程；

②学习在于顿悟，而不是尝试错误来获得。

“顿悟说”学派强调刺激和反应之间的交互作用，认为只有这样才能改变组织结构，产生一种新的顿悟。

托尔曼主张学习的结果不是刺激和反应之间的直接交互，而是刺激和反应在有机体内部进行交互的过程。其主张的学习理论有两点特征：

①一切的学习都是有目的的活动；

②对学习条件进行认知是有必要的。

托尔曼借助符号来表示有机体对环境的认知，认为学习的本质在于学习者通过不断的学习，获得一个实现学习目的的符号，从而形成一张“认知地图”。

皮亚杰等学者认为，学习者头脑中的知识结构指的是学习者将新旧知识、新旧经验结合在一起，在某一知识领域内获得的内容和形成的组织结构。

加涅认为，学习过程指的是，在外界形成的信号，经过刺激反应转换为人的记忆结构，从而输出到人脑的过程。这一过程的实现依赖外界条件和内在条件，外界条件主要指输入刺激的构成和形态，而内在条件则主要包括了主体已经掌握的学习能力等。

（二）认知主义学习理论和图书馆空间的关系

认知主义学习理论认为学习者并非一个空的容器，而是能带着先前获得的信息遇见新的学习内容，并将新的学习内容纳入自身的已知内容当中。在高等教育中，课程教学最容易观察到认知发展，对课程内容尚不熟悉的学生适合入门级别的课程，高阶课程则要求学生必须先熟练地掌握先前介绍的课程（先决条件）才能参加。

将认知主义学习理论应用于大学图书馆空间中。大学生的学习一般与年级没有很强的相关性，而是同自身的学习需求相关联。大学图书馆空间在布局时要考虑学生的学习需求，对于大学低年级或高年级开展的独立学习或者小组学习，图书馆空间都应满足他们的目标需求。认知主义学习理论注重个体的主观能动性，学生来到图书馆是因为他们认为图书馆空间能够提供完成学习课程、达成学习目标的条件。

三、建构主义理论

（一）建构主义理论概述

建构主义主张知识的获得，在于学习者在一定的人文情境下，通过其他人的帮助，查阅相关的学习资料，通过意义建构实现。其认为学习的实质在于通过人与人的协作而实现意义建构。

皮亚杰认为，儿童的认知是在接触周边的环境过程中获得的，在获得认知的过程中包括同化和顺应两个步骤。他将儿童的认知发展过程分为感知运算阶段（0~2岁）、前运算阶段（2~7岁）、具体运算阶段（7~11岁）、形式运算阶段（11岁起）。

科恩伯格在上述的理论基础上进行了更深入的研究。斯腾伯格、卡茨等人认为，建构认知的过程中最关键的因素是人的主观能动性。

维果茨基提出了文化历史发展理论，强调学习者所处的社会文化历史背景也会影响人的认知，并基于此提出了“最近发展区”理论。他认为个体学习的过程以一定的历史、社会文化为背景，一定的历史、社会文化背景反过来又促进个体的学习。维果茨基认为个体发展包括现实的和潜在的发展水平。现实的发展水平指的是个体完全依赖自己所能达到的水平；潜在的发展水平是指个体与他人进行协作达到的发展水平。二者的中间区域即“最近发展区”。

建构主义理论提出，情境、协作、交流和意义构建组成了最理想的学习环境。

（1）情境

在建构主义的教学设计中，学习环境中的情境要求提供有利于学习者进行意义建构的社会背景。

（2）协作

协作包括师生之间、同学之间的互助，其贯穿于整个学习活动。个体之间的协作活动更容易收集自身所需要的信息，对自己的学习结果评价更为客观，从而实现意义建构。

（3）交流

交流是协作过程中最基础的一环。小组成员通过交流，一起研究如何完成规定的学习任务，以实现意义建构的目标。个体之间通过相互交流、分享经验、共享思维，实现意义建构。

（4）意义建构

意义建构，即理解事物的内在本质和规律，是整个教学过程的终极目标。事实上，学习的过程就是帮助学生理解当前学习的内容，从事物的表象分析出其本质及同其他事物之间的联系。

（二）建构主义学习理论和图书馆空间的关系

建构主义学习理论揭示的是以学习者为中心的学习过程。在课堂的正式学习情境下，教师在教学中提出问题并引导学生对教学内容的主旨进行思考和知识拓展，教师在学生的学习过程中需要对学生进行观察、适当的引导和给予鼓励。前文提到的学生C打算以在图书馆偶遇同学或教授的方式完成学习目的的过程便是印证建构主义学习理论的最佳实例。学生C带着已有的知识来到图书馆，企图通过与他人的交流获取新的知识，这一交流过程虽然是一个非正式的学习过程，但在这一过程中，学习已经发生。学生C对自己的学习过程加以控制，同老师或同学讨论自己感兴趣的话题，在这一讨论过程中，学生C可能会提出在学习过程中遇到的困难，同学或教授就会根据这一困难提出自己的见解，帮助学生C对困难的内容进行分析和整理。与此同时，学生C也会给他的同学提供类似的帮助来促进双方的认知。

学生B借助图书馆空间进行小组讨论来获取新知识也是建构主义学习理论的另一印证案例。学生B同小组成员针对教师提出的问题展开交流、探讨，在图书馆内聚集起来决定如何更好的解决这些问题。小组内的各个成员都有自己的学习经验和心得，他们将自身已有的经验分享给小组其他成员，从而帮助小组更好地完成学习任务。

建构主义为图书馆空间设计和布局提供了理论指导，对空间环境提出了新的要求。建构主义教学环境在一定程度上和学习共享空间有对应关系。

①从情境角度看，建构主义教学环境是一种供学生进行学习活动的社会文化环境，包括场景和景象；学习共享空间则是由实体空间、虚拟空间、服务人员等共同构建的学习环境。

②从协作角度看，在建构主义教学环境下，个体之间相互交流，通过协作共享思维成果；学习共享空间则是学生在学习的过程中，与他人达成协作互助的关系。

③从交流角度看，在建构主义教学环境下，协作要求个体之间进行交流、探讨和协商；学习共享空间则是学生之间、师生之间、学生和馆员之间的交流、探讨和协商。

④从意义构建的角度，构建主义教学环境是在原有的知识经验的基础上，依靠社会性的协作来揭示新事物的本质，实现意义建构；学习共享空间则是借助协作等活动，通过“集智”效应解决学习过程中遇到的难题，从而获得新知识、新经验。

四、情境学习理论

（一）情境学习理论概述

情境学习理论结合了社会建构主义和人类学视角的学习观点。实际上，情境学习的过程是一个知识与情境之间的动态交互过程，活动和知识相互交互，构建起了学习这一个整体。

人类学中的情境学习理论以完整的个体为研究对象，认为知识是个人与社会、物理情景相互作用下产生的。这一学习的过程被称为“合法的边缘性参与”。

巴拉布和达菲提出，人们借助某一现实情境进行实践活动，在这一过程中能获取一定的知识和技能，从而形成了某一共同体成员的身份。这一情境被视作“实践共同体”。

（二）情境学习理论和图书馆空间的关系

情境学习理论认为学习是发生在特定的情境和特定的场所中，这一理论最常见的例子是教室。教室作为开展正式教学及教师创建的一个场所，用于教师传授教学内容和学生进行学习。除教室之外，图书馆也是情境学习理论的一个重要场所。在这一理论指导下，图书馆空间本身促成了学习，在学习的过程中扮演着重要的角色。对于学习者而言，他们考虑的是如何有效利用这一空间，同时与学习发生的场所——图书馆情境或空间的交互作用也能推动学习的进程。学习者与空间的交互，根据学习者及学习者在学习过程中的参与类型，发挥的作用有所不同。在学生B和学生C的案例中，二者在图书馆的情境学习被视作一种“传播”，这是因为他们借助他人来表达自己的兴趣，这一过程或者将自己的兴趣和想法表达出来的方式，也会影响其他人。情境学习理论认为学习发生的场所与学习者本人同等重要。

因此，作为学生非正式学习的场地，图书馆空间需要为学生提供合适的学习情境以帮助他们学习。

五、社会学习理论

（一）社会学习理论概述

社会学习理论提出，人的行为是由学习和自我调节引发的，环境很大程度上会影响人的行为。事实上，这一理论探讨的是个人的认知、行为与环境因素三者的相互联系。

社会学习理论阐述了在社会文化背景下，个体应该怎样进行学习活动，如何根据社会的需要去获取社会知识和技能，从而形成人的认知结构。

班杜拉将社会性的学习分为直接学习和观察学习。直接学习是个体对刺激作出反应，并因此受到强化而达成的学习过程。观察学习要求榜样在个体之间发挥引领作用，个体通过对榜样如何处理刺激的观察，而完成学习活动。

（二）社会学习理论和图书馆空间的关系

学生B和学生C的例子证明，在图书馆空间内与他人的交流有利于增加学习经验。这两个例子对社会学习理论同样适用。班杜拉的社会学习理论认为，个体更多依靠观察和对他人的行为进行反馈这一过程中进行学习。由此可见，个体的学习同样离不开与他人的关系和联系，个体在与他人的交互过程中也能获取重要的学习知识。这一理论强调他人对个体学习的贡献。学生B的小组在开展对话后寻求解决任务的途径，在小组的交互过程中，组员之间相互交流，共享观点和经验，最终形成解决方案并完成任务。在这一学习过程中的交互包括了组员之间的赞成、反对、决定、参考他人的观点修订解决办法等。

第三章 宏观角度下的当代图书馆空间设计

第一节 设计方法与流程

一、空间设计方法

（一）模数式设计

模数式图书馆是一种依靠模数式原则，在图书馆的固有功能的基础上进行设计的一种模式。这类图书馆借助家具设施组合成功能不一的区域空间，布局方式灵活、环境空间较大，对柱网、层高和荷载能力制定了统一的设计标准，能够满足图书馆多种功能的需求和发展。

文艺复兴以前，欧美国家的图书馆建筑以“单一大厅”的图书馆模式为主。随着馆藏和阅读总量的增加，馆内管理工作越来越繁重、复杂化，单纯大厅型的书库已无法适应使用需要。馆藏与阅读逐渐分流导致闭架书库的近代图书馆管理模式的产生。到了19世纪20年代，图书馆界开始发生了一系列变化：图书馆开始采用开架借读制；设立了分科阅览室；设置了立式活动书柜等新设施。这一时期兴起了现代建设运动风潮，随着建筑物的钢筋砼框架结构系统日趋完善，也开始产生了相对开敞的平面形式布局建筑设计，并出现了以“密斯空间”为典型的模数化、全面化、通用化、多用途的室内空间建筑设计。

阿华州立大学图书馆设计便是根据麦克唐纳的“模数式图书馆”的设想，建造了世界上首个模数式图书馆。20世纪80年代以来，我国图书馆设计建筑业逐步接受了模数式设计理念并据此建造了许多新馆，如中国农业大学图书馆、北大图书馆等。

模数型图书馆，以“模数空间”单元为基本单位，是一种根据“三统一”（模数的开间、进深、层高和荷载统一）原则，进行模数化设计、施工和布置而成的建筑物。这一类型的空间单元按照阵列的排布组合，架构起室内的“大空间”，在这个大空间内部又根据区域的功能划分出借阅区、咨询区、休闲区等区域，将每一楼层都建成集藏、借、阅、管为一体的“综合功能单元”。这些楼层相互垂直，并借助电梯等垂直综合交通网络相互连接，布置既简单经济又方便。同时，图书馆内多设置开架式阅览区，方便用户快速寻找所需要的材料，极大地提升了图书馆的运作效能，并由此产生了布局灵活多样的现代化图书馆管理模式。

随着时代的发展，模数式图书馆也有一定的缺陷。第一，模数式图书馆多为封闭的、依靠空调系统和人工照明系统运作的图书馆。这种运作方式能源消耗极大、费用成本过高，与当下提倡的可持续发展和绿色低碳理念相悖。第二，模数式图书馆缺乏空间的多样化，由于非传统图书馆职能的日益拓展，具有不同的空间形态和不同要求的空间特征，模数式图书馆统一的空间无法适应这一变化。同时，模数式图书馆统一的柱网设计的单一空间也无法满足现代要求具备综合功能图书馆的需要，限制了内部空间环境的创造，导致空间资源的浪费。最后，模数式图书馆方形状的结构设计难以适用于一些复杂的地质地貌，单一的设计模式无法体现当代图书馆建筑的多样化、个性化要求。在此背景下，新的设计模式——模块式设计应运而生。

（二）模块式设计

模块式设计指的是在图书馆设计流程中，根据空间设计的开放性与灵活性等特点，在不改变其基本功能的前提下，保留或转化为其他空间设计功能的可能性。“模”指的是模数式设计；“块”指的是功能块，在确定好图书馆内部各个空间的用途后，进行分块设计，建立不同的结构柱网。

不同于以往形态的模数式图书馆，模块式图书馆基于图书馆内部的各种职能，针对不同的区域设计不同的功能块。这一建筑设计理念，针对图书馆的基础性区域和功能，实现了全新的界定与整合。对这些新组合成的区域进行具体划分，主要包括入口区域、阅读区、藏书区等区域，这些区域之间相互独立且能够保持稳定。模块式图书馆的组织形式包括平面并联组织、垂直串联组织和混合式空间组织。

根据上文的表述，模数式图书馆实行“三统一”原则，这一设计模式虽然使用空间大、灵活性较高，但却导致了不必要的空间的占用，结构的设计不够合理。而模块式图书馆能够“具体问题具体分析”，根据不同的分区进行不同的模数式设计，布局十分灵活。具体方法如下。

（1）分区确定荷载

因为阅读区、办公区、公共活动区和设备区都具有不同的功能导向，对相应区域的荷载要求也就应区别对待。比如阅读区要考虑“书库”的负荷，而设备区考虑对机器设备的负荷。这样，按照对各个空间的利用功能的差异来设定荷载，就可以有效降低不必要的空间耗费，并在各区域达到最大的灵活性。

（2）分区设计柱网

图书馆阅读区域，通常要求很大的柱网宽度以适应灵活性的要求。至于公众活动区，则需要更大跨度的无柱空间。如录像室、报告厅等活动空间，通常需要在四五百平方米的空间里都没有柱，以避免挡住视野；同时室内空间需要有适当的高度，以避免产生压抑感。相对办公室，馆员工作区和政府办公室的空间要求较小，所以将柱网的高度视状况适当取小。通过分区设计，柱网可以更好地实现对不同空间的利用。

（3）分区确定层高

层高的确定影响着图书馆空间的灵活性、适应性等，在各分区层高一致的前提下，还需要密切各分区的空间联系，以减小因为层高差异而造成的空间流线组合上的困难。如果差异很大时，可利用空间微变原则按照各取所需的方法进行空间剖面设计，而不是像模数式图书馆那样要求大小空间的一致。用分区的方式确定层高，可以有效减少空间耗费，从而实现空间的合理化、高效性等。对某些分区的空间层次加以调整也是实现空间多样化与适应性的重要手段之一，如在公共活动区，对于很大的空间容量常常要求很大的空间层次，分区调整可以帮助其实现空间设计的自由。

（4）统一规划设备

考虑到现代化图书馆的技术设备、家具设施越来越丰富多样，图书馆需要对各个分区的设备进行统一设计、统一布局。结合图书馆现代化的过程性和现实的适用程度，进行分区规划，即利用当前的资金先对某些分区进行设备布置，等资金充分时再考虑全面设计。

（三）用户参与式设计

用户参与式设计是建筑学设计的重要研究方法，这一设计包括了人类学、民俗学和心理学三个层面，能够满足各个空间区域中技术、服务和资源设计的需要，提升图书馆的服务质量水平，带动服务模式的变革和创新。

图书馆空间设计融入用户参与式设计理念，打破了传统的样板式设计，以满足读者的需要为中心，旨在设计出一个功能齐备、结构合理、环境舒适的图书馆空间。

人类活动系统设计大致分为规范性设计、权威性设计、参与性设计和使用者设计四种模式。前两类设计属于技术或专家驱动式的设计规范，传统的图书馆空间设计就属于这两类，后两种则属于参与者驱动式的设计范畴。

参与者驱动式设计使用户不仅是设计师的研究对象，还可以参与到产品设计的定位、决策和评估等流程当中，旨在提高用户的体验、满足用户对设计的要求。这种设计模式使得用户不单单是产品的体验人，还是产品的创造者和决策人。在这一过程中，产品的设计师和研发师不再处于绝对的主导地位，更多地扮演了辅助型、协助的角色，相对的优先获得用户第一手资料。对于这一设计模式的主要组织者，需要结合更多的角度、更多的因素，全方位地、最大限度地迎合用户的需要。

用户参与式设计突破了传统的自上而下的空间设计模式，极大地实现了使用者对空间的设计与满足感。这一设计模式，和阮冈纳赞图书馆五定律中“节省读者的时间”“以用户为中心”等设计思想同源，实质上都是以使用者为中心，因此对于现在和未来图书馆的设计规划，都有很大的参考价值。

在社会科学领域，用户参与式设计注重实地考察，通过长时间的分析被研究人员的生存和生活方式，结合他们所处的自然环境和社会人文背景，通过研究对象的视角来观察他们所处的环境。这种设计方法包括半结构访谈、摄像发声法、参与式调查等。

对于设计参与者而言，用户参与式设计凝聚的是设计师、用户和研究人员三者的力量，设计过程被认为是用户在研究者的组织和设计师的协作配合的基础上不断满足自身需求的过程；对于用户扮演的角色而言，用户、设计师和研究人员在用户参与式设计过程中所扮演的角色已经悄然发生了改变，用户一跃成为产品或服务设计的变革者、创造人和所有人。从用户的参与形式上观察，用户参与式设计从目标确定到设计思路和创作方案，再到设计方案的评估，用户都在主动地参与式每一个环节；从设计的组织形式上看，用户参与式设计的组织实施形式除了田野调查之外，用户还将参与式更富有特色的低保真原型设计（对产品或服务的简单模拟），每一个设计场次成为一个用户参与设计会话，包括小组式、一对一式及在线开放式会话。

图书馆用户参与式设计会话需要经过以下步骤。

①用户招募。挑选图书馆使用经验丰富、热衷于图书馆服务设计及富有想象力、创造力和表达能力较强的用户，邀请其加入图书馆用户参与式会话设计的团队。

②组织形式的选择。选择小组式用户参与式设计会话（可采用独立设计形式或划分小团队的设计形式）、一对一式用户参与式设计会话或在线开放式用户参与式设计会话。

③简述目标。组织者简要说明用户参与式设计会话的开展目标，了解用户使用图书馆的行为模式和需求模式。

④发放工具、素材。发放用于勾勒图书馆空间平面设计的纸笔或者展示某项功能模块设计的立体模型。

⑤开展设计。用户在组织者的引导下开展设计，一般而言，设计前期支持人应当鼓励用户之间进行交流，而在设计后期则指引用户通过独立思考建构个性化、多元化的设计方案。

⑥依次表述。用户依次阐述自己的设计理念、设计思路和设计方案。

⑦提出建议。用户研究人员、设计师在综合分析用户的设计方案及用户参与式设计会话讨论信息的前提下，提出对图书馆服务功能的设计建议。

国外的图书馆很早就借助用户参与式设计方法开展了大量的实践活动。如科罗拉多大学博尔德分校诺林图书馆学习共享实践项目和西北大学图书馆参与式设计项目等。

二、空间设计的纲要

国际图书馆协会联合会为图书馆的空间设计提供了理论指南，其主张好的空间设计纲要至少包括五个要素：

①组织和社区内部的背景；

②当前的技术水平、社会和服务趋势；

③用户和工作流；

④利益相关者；

⑤期望的结果（包括数量和质量两个层面）。

整体上来看，国际图书馆协会联合会对图书馆的空间设计的设计流程提出的建议主要分成五个步骤。

1. 创造一个愿景

创造一个愿景对于空间设计布局的各个阶段都是重要的决策依据。比如在设计过程中有时有两种设计方案能满足设计的所有需要，而其中一个方案能更快、更有效率地达到我们预先设定的愿景，这一愿景有助于设计过程中更好地进行决策。

创造一个愿景之前，需要考虑方方面面的问题：你想要与他人交流什么？图书馆服务应当如何被定义？设计的最终目标是什么？哪些因素可能使图书馆设计获得成功？哪些指标能够衡量成功？你设计的图书馆与其他图书馆的区别在哪？图书馆的背景有哪些？应当将哪些要素考虑在内？图书馆由谁来建造及费用由谁承担？谁是利益的相关者？

2. 建立包容和合作的流程

图书馆空间设计纲要的制定和项目的落实执行要求项目成员的连续性和一致性。此外，还需要在纲要中对必要程序进行详细描述，以保证各个阶段的顺利、持续开展。

项目的开展有以下一些流程：项目纲要编制、选择咨询人员和专家团队、开发与草图设计、设计与完成文档，根据策略实施、投标，进行合同管理与执行、施工、开展/回顾/调整。

3. 定义用户配置文件

起草文件时需要考虑以下问题：你的用户是谁？用户的年龄、文化和社会经济背景是什么？哪些人不使用图书馆？用户觉得什么环境最适宜？用户为什么来图书馆？

4. 量化和定性需求

这是设计纲要最传统的手段，在现实实践中，不仅要求对需求进行量化，同时要注重定性描述。纲要中应当包括一切可量化的因素，如服务点、馆藏和设备等，以及这些因素应该具备的相关属性和能够到达的最终结果。纲要要求对功能设备进行详细的描述，为工作流程和邻接关系做好设定。

图书馆空间设计用于量化和定性需求的工具应该包括：面积计算汇总表、空间数据表、关系图等。表3-1为图书馆空间设计面积计算汇总表样例。

5. 对室内空间、布局和标识进行定义

这个阶段是最复杂的阶段，需要结合布局与工作流、室内设计、标识系统等多个角度开展定义。在布局与工作流方面，保证对工作流、吸睛点、首次印象、入口的氛围、服务点的可见度、功能区域分组、室内规模等进行设计；室内设计层面，结合空间定义、多样性、多层次、个人领域性、照明、温度、风格与时尚等多个层面考虑。

表3-1　图书馆空间设计面积计算汇总表样例

某某图书馆			现有情况			期望达到目标		
编号		区域	数量	单位	总量分配	数量	单位	总量分配
			全局	M^2	M^2	全局	M^2	M^2
4	流通区域							
	4.1	借阅和参考咨询台						
	4.1.1	工作点				2	6	12.0
	4.1.2	书架或手推车				3	1.2	3.6
	4.1.3	借还				1	4	4.0
	4.1	总计	0.00					19.6
5	文献设施							
	5.3	学习区域	14	1.91	26.72			
	5.3.1	学习隔板桌				10	3	30.0
	5.3.2	学习桌				5	3	15.0
	5.3.4	休闲座椅				4	3	12.0
	5.3.5	计算机台				0	3.7	0.00
	5.3	总计	26.72			19.0		57.0

三、空间设计的基本流程

对于空间设计的具体操作流程，可以参照法因贝格等人总结的图书馆空间设计实施的一般流程，在此基础上开展以下空间设计项目：①聘用专业的建筑师或设计师；②将图书馆打造成一个项目团队，团队中的成员应当包括图书馆主管、项目管理人、建筑师、顾问和供应商等；③建立一个沟通机制；④形成流程方法；⑤突出图书馆使命；⑥确定目标和目的；⑦对使用者的需求进行市场调研（向读者咨询、开展线上线下场所访问）；⑧陈列项目需要；⑨评估现有资源，如馆藏评估、书架等设施的规划；⑩开展各种元素设计，如书架设计，家具摆放，如座位安排、座位组合、室内装饰品、桌子和工作台、展示区域，公共计算机终端和其他设备、其他房间和活动空间、馆员的工作区域、公共服务区域、图书馆空间所占比重、位置和邻接，如物理和视觉可获取、安全性、人流量、不同年龄（儿童）分区、职员和管理，交互空间，如玩耍和社交、分界、青少年区域，基础建筑要素，如规模和占比、形式与空闲区城、韵律，外部空间，大厅，室内与室外的接触，窗户和自然光，如窗帘、光线，花园和室外空间，标识，欢迎空间，气氛与氛围，如色彩（挑选过程、色板、色彩区域可变性、色彩使用及用量、文化敏感度）、材料组成（图案、地板和地毯、涂料和其他墙部处理、面料）、艺术品和图像；⑪采办；⑫评估财政资源，如经费初步预算、公布财政预算、预算的优先级别、项目管理、多个项目备选；⑬筹备资金；⑭对馆员的管理方式等。

图书馆需要选择合适的设计师或设计团队。法因贝格等人在哈维·托德设计的选用建筑设计师步骤的基础上进行了拓展，认为图书馆在选择设计师时可以参考以下一些标准：①在类似项目尤其是在图书馆设计方面由丰富的经验；②有当地类似建筑项目中有丰富的经验；③要求建筑师在规定的预算和时间内有完成类似项目的经历；④能提供合适的服务和员工来设计整个项目并立即投入进行设计；⑤团队中的个体在图书馆项目中经验老到，确保建筑师和图书馆之间的沟通；⑥有足够的能力完成图书馆的建设目标；⑦寻找那些与图书馆馆员和委员会有相同价值观的人员。图书馆的价值和目标与建筑师的价值和目标相匹配；⑧调查建筑公司的建筑创新性，如专业组织的参与程度；⑨具备优秀的展示技能和充分的补充材料，要求设计人员能够进行陈述和展示；⑩考虑投入在建筑师或设计师人员的花费成本。

第二节　建筑楼层布局

建筑的易识别性指的是建筑对使用者在寻路和查找地址方面的容易程度，这一属性是评判建筑设计优劣的依据之一。影响建筑易识别性影响的因素：一是建筑的平面流线复杂程度；二是建筑内外的标识或提示的可见性。建筑平面布局在这些因素中的影响最大。

一、布局原则

（一）功能分区

功能分区实质上是空间布局的延展，这一分区方式包括内外分区、动静分区和楼层分区三类。

1. 内外分区

内外分区是依据图书馆的业务功能进行的分区，图书馆业务功能系统分为外部功能系统和内部功能系统。外部功能系统是面向公众服务的系统；内部系统是图书馆自身的工作系统。图书馆的内外系统取决于其工作流程与部门设置。

2. 动静分区

动静分区是将活动环境分为静区、动区和次动区。一般情况下，成人与中学生的阅览区对安静的程度要求较高，外借区稍动；对于小学生来说，其阅览区其稍动但仍属于静区，外借区属于次动区，而其活动区如视听活动区一般，属于动区；幼龄儿童的阅览区和活动区则基本都是动区。

3. 楼层分区

楼层分区指的是在多层建筑的情形下要合理规划功能分区。一般来说，服务区多放置于楼下，管理区则置于楼上；对于读者流量大的安排在楼下，而读者流量小的安排在楼上等空间。

对于功能分区，学者肖珑认为，当代图书馆空间主要分为两部分：一是满足传统图书馆功能的空间，如借阅空间、咨询空间等；二是图书馆“新空间”，这类空间是由于创新服务理念的革新发展而来的，比如学习区域、创客区域、休闲空间、社会活动区域等。

基于传统空间和新空间的指导理念，对现代大学图书馆未来的新空间进行设计的功能分区，主要包括九个区域，如表3-2所示。

表3-2　现代大学图书馆未来新空间的功能分区

空间名称	作用	详细分区	备注
入口区	图书馆人流的交通枢纽，包括入口、排队处、咨询、指引处等	门禁系统、咨询台、等候区域	咨询台和标识牌既有物理的，也有数字虚拟的
咨询、借阅服务区	进行书目检索、咨询和书籍借阅	检索区、咨询台、借阅区（包括人工和自助）	—
藏书区	集中藏书的空间	开架藏书区、封闭式藏书区	依馆内藏书量而定，可根据学科、文献种类、使用频率等划分区域
学习区	用户借阅书籍、检索电子资源、多媒体咨询和进行学习的空间	书刊阅览区、电子资源和多媒体资源学习区、新技术体验区、学习室、研究室	—
共享区域	读者交流讨论、协作研究、社会交往、学术研讨会、影片播放等空间	研讨室、休闲区、报告厅、会议室、音乐厅	人流量大、有噪声、需要布局在隔音较好的区域
创客空间	提供材料、工具和技术设备，读者既能委托加工制作又能手动探索和学习（DIY）	数字加工区、DIY制作区	数字加工、自助打印、复印、3D打印、数字媒体制作
展示区域	举办展览、展示图书馆馆史	馆史展览区、普通阅览区	视各馆情况决定是否设馆史展览区；人流量大、有噪声，多布局在入口区外，一般参观者也能进入

续表

空间名称	作用	详细分区	备注
技术设备空间	图书馆提供服务的技术空间	服务器、交换机机房、空调房、安保室、监控室、能源管理室	对管线、用电、用水和放射噪声环境要求很高，布局独立
内部工作空间	为馆员提供业务活动办公区和行政办公场所	采编区、行政办公区、图书修复区	采光和通风条件要求高、布局独立

在这九大区域中，一、二、三、七、八、九类空间属于传统图书馆就具备的空间；在未来新空间中，这类空间需要进行优化，比如开架藏书区所占比重过高，需要适当进行亚压缩；对于入口区、咨询/借阅服务区和展示区，需设计创新；对于技术设备空间应当保留扩展的空间。在这九类空间中，四、五、六类分区为进行创新和发展的新空间服务区，书刊阅览空间、自习区都应当在原有的功能、环境和布局上进行重大革新。

（二）流线设计

功能流线是支撑图书馆的“大动脉”，包括文献流、读者流和馆员流。畅通的流线，有利于文献的流动，方便读者的进出、节约读者的时间和提高馆员的工作效率。

1. 文献流线

文献流线的设计要求尽可能缩短文献从采编部门到阅览区、阅览区到借书处的距离。在一体式服务环境中，各图书馆一般采取“大流通式”的格局，由总出纳台控制文献的外借，这种格局容易拉长阅览区到借书处的距离。想要解决这一问题，可采用垂直运送与平面运送相结合的措施。

2. 读者流线

读者流线的设计需要使得读者顺利、快速地到达各阅览区，且能畅通地离开和在各区域自由来往。在一体式服务环境中，各阅览区推行“借阅合一”的模式，这必然导致许多小区域产生。在这种模式下，不妨采用“鱼骨形”的流线模式，从出入口或楼梯口延伸出一条主流线，这条主流线可以通往各阅览区，再分别拉出多条次流线引向各个小区域。与此同时，将读者流量大的区域设计在靠前位置、读者流量小的靠后，以保证流线的畅通性。

3. 馆员流线

馆员流线的设计，是文献运送工作、馆员的上下班及对外来人员的管理等工作正常开展的保障。因此，应当为馆员设计进出图书馆的专用通道，防止和读者的流线交叉重叠。此外，在一体式服务环境中，咨询台作为馆员与读者交流的重要枢纽，应当设在服务区的靠前位置。咨询台及从管理区到服务区，都应设计合理通道，尽量缩短两者之间的距离。

当代图书馆应该以人（包括用户和工作人员）为核心，研究用户流线和工作人员流线，结合用户的行为和需求，注重空间布局的多元化，为用户提供便利的“一站式”的服务。

二、布局方式

图书馆建筑的空间组合方式分为平面并联式、垂直串联式及混合式三类。

1. 平面并联式

传统图书馆多采用这类组合方式。它借助水平的方向，将不同的功能块进行并联组织。在不同的功能分区内，统一柱网、层高，提高空间的灵活性。这类组合方式占地面积广，多适合用地面积大的工程。

2. 垂直串联式

垂直串联式形式将不同的功能块，按照垂直的方向安排在不同的楼层上，某一层或几层作为一个分区，然后再根据各自分区的功能要求采用不同的层高或荷载。每个分区借助垂直交通枢纽实现联系，灵活性和实用性较高。这种组合方式占地面积小，适合用地紧凑的区域。

3. 混合式

混合式是以上两种形式的结合。多出现在当代图书馆中，要求根据建筑环境状况和建筑内部的运行特点，灵活运用两种形式，具有较强的适应性。澳大利亚悉尼大学费希尔图书馆建筑布局就是采用了混合式的布局方式。整个费希尔图书馆建筑分为两翼，南翼九层，北翼五层根据这一独特的布局设计，图书馆将馆藏空间和学习空间相对隔开，南翼四层到九层作为图书馆藏和少量学习的区域，主要的学习空间分布在北翼三层和四层。北翼五层和二层部分区域是图书馆馆员的工作区域，北翼二层还包括了团队学习区域和培训教室。从整体上看，费希尔图书馆采用了藏书空间和学习空间相对分离的楼层分布方式。学习空间主要分布在北翼，南翼主要是馆藏区域，这一区域仅提供几个附小桌板的座椅或者简易的单人桌椅，并不提供大范围的阅读和学习空间。

实际上，美国北卡罗来纳州立大学希尔图书馆在楼层布局上也根据其独特的建筑空间进行了布局设计。整个希尔图书馆建筑分为主塔、西翼和东翼三栋建筑。主塔一共有十层，包括首层和一至九层，其中馆藏主要分布在四至九层。西翼和东翼则主要是学习空间、实验室、饮食区域、馆员工作等区域。

第三节　藏阅空间

一、设计规范

我国《图书馆建筑设计规范》对图书馆的每间阅览室的占地使用面积都有一定的计算指标，如表3-3所示。

表3-3　阅览室每座占使用面积设计计算指标

名称	面积指标（㎡/座）
普通报刊阅览室	1.8~2.3
普通阅览室	1.8~2.3
专业参考阅览室	3.5
非书资料阅览室	3.5
缩微阅览室	4.0
珍善本书阅览室	4.0
舆图阅览室	5.0
集体视听室	1.5
个人视听室	4.0~5.0
少年儿童视听室	1.8
视障阅览室	3.5

二、布局方式

同一个建筑上的藏阅空间，常根据藏书功能和阅览功能进行区域布局设计。同时，在布局设计中需要考虑建筑的空间序列因素，以及读者流线和馆内各种流线的关系，使藏阅空间的设计具有连续性。

根据藏书区域和阅览区域的位置关系，可以将纸质文献藏阅空间的布局方式分为平行式、方格式、交叉式和放射状等，如图3-1所示。

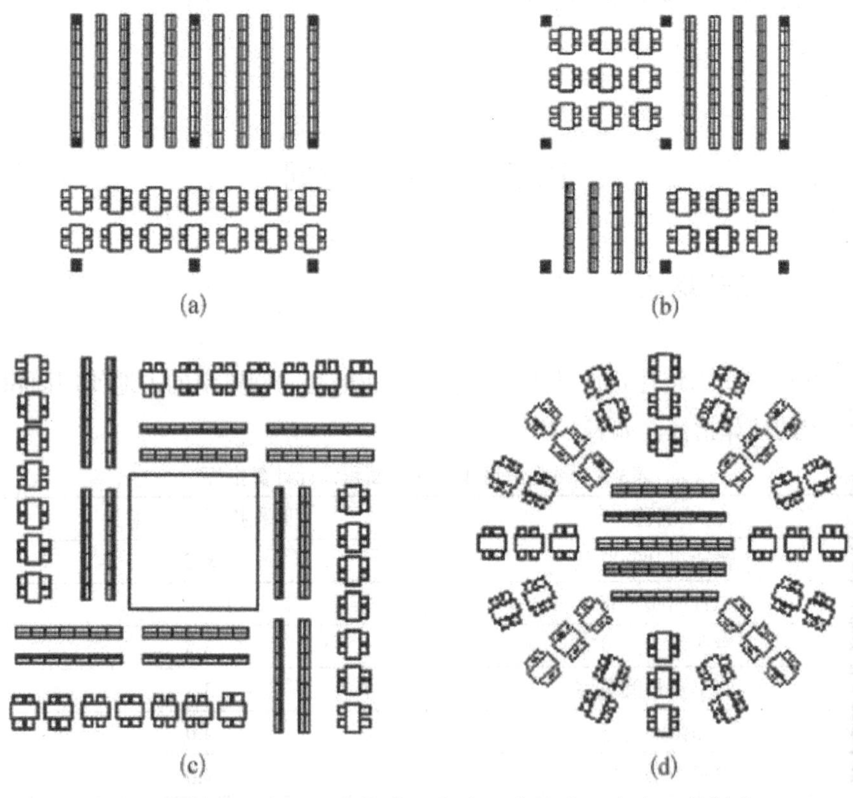

（a）—平行式；（b）—方格式；（c）—交叉式；（d）—放射式。

图3-1 纸质文献藏阅空间的布局设计

1. 平行式的藏阅布局

平行式的藏阅布局根据藏阅空间的藏书和阅览功能划分出两个相邻的、整体的功能模块。在这种布局方式中，一方面，书架是连续排列状的，读者可以根据索书号的指引查找、获取图书，更高效、更节省时间；另一方面，具有动静分区、布局清晰的设计特点，读者活动的路线和方向明确，取、还图书与阅览之间的干扰因素较少。平行式布局是最常见的藏阅布局形式，其最大的优点在于能极大地节省空间、空间的使用率高、功能区分十分明确。

2. 方格式的藏阅布局

方格式的藏阅布局是一种将多个藏书模块和阅览模块进行交错式分布的设计模式，这一布局大大缩短了馆藏与读者之间的距离，使得藏、阅功能得到充分的发挥和融合，并借助围合的布局方式增强了读者的领域感和隐私性。方格式的藏阅布局也存在较明显的缺陷，一是结构的不紧凑导致空间浪费较多；二是藏、阅模块的交错式分布格局切断了书架的连续排列，不利于读者获取书籍，同时也容易造成读者间的行为干扰。

3. 交叉式的藏阅布局

交叉式的藏阅布局指的是在藏阅空间中，多个藏书模块和阅览模块之间交叉、渗透、贯通。这一布局方式能够形成馆藏与读者之间的最短路径，使读者最便捷地获取馆藏资源。但这种交叉渗透式的布局也使书架的排列稍显凌乱，不便于读者查找馆藏资料。因此，这种布局于图书馆来说并不适用，而更适用于期刊、报纸等馆藏资源的空间组织。

4. 放射式的藏阅布局

放射式的藏阅布局以功能模块为中心点，在周围放射状地布置另外一种功能的模块，从而形成向心或发散的空间效果。古代西方早期的开架阅览空间多采用这种放射式的布局，其特点在于具有非常强的中心形式感和向心的领域感，十分节省空间，但需要配合特定的圆形空间展开，这样布局才更具实用性和空间的美感。

一些学者将开架阅览室的设计布局总结为以下几种形式。

（1）周边式

周边式的布局，主要是将书架摆放在靠墙的位置，这种排列一定程度上分散书架，不便于读者查阅书籍，同时馆内工作人员对书籍进行归类安放也比较麻烦，常常需要花费很多时间。而且读者在这一区域穿行较多、干扰较多，容易遮挡工作人员的视线。

（2）成组布置

成组布置，是一种将书架与外墙呈垂直角度进行摆放，划分成众多的阅览小空间，和阅览桌成组状排列的布置方式。这种布置能够容纳更多的书籍，且区域内相对安静，方便用户阅览书籍。

（3）分区布置

分区布置方式，要求将书架集中摆放在阅览区的一端。这样就使得书籍集中，存放量多，方便读者取、阅书籍。

（4）夹层布置

夹层布置，在阅览室内放置上下能够布置开架式书架或阅览区的夹层。这种布置的书籍容易集中、容纳的数量多、便于用户阅读。而且空间利用率高，室内空间不显得单一，同时宽敞的空间给读者带来心情上的愉悦和放松，从而一定程度上增加了他们的学习效率。夹层设计在当今国外的一些科技图书馆专业阅览室中十分流行。

第四节　学习空间

当代图书馆增加了大量的空间服务，打破了传统的藏阅空间布局模式。越来越多的图书馆有了更多的空间供读者开展学习、讨论、交流、教学、培训等活动，这一系列活动被统称为“学习空间”。因此，要对学习空间进行定义，观察学习空间与信息共享空间、学习共享空间之间的关联性。

一、起源与概念

图书馆界关于学习空间的定义有许多不同的看法。从广义看，学习活动产生的地点即学习空间，可以是物理的空间，也可以是虚拟的环境。只要满足这一个条件，那就能够被叫作学习空间了。在这种意义上讲，因为学习空间无处不在，所以学习者就能够不受时间与场所的约束，随时随地完成学业。

菲利普·D·朗将学习空间定义为，学习空间服务于课程活动，是一个为师生提供交流的物理场所。一般而言，学习空间是提供学习的场地，它能够激励和刺激学习者的学习，帮助其开展学习活动，为需要的人提供一个个性化、兼容性的学习环境。

从整体的角度看，学习空间就是用于学习的场地。“学习空间”这一术语兴起于20世纪90年代，随着教育理念和教学方式的革新、互联网等信息媒体的出现，“教室”这一词范围已然不适用时代的需要，“学习空间”一词逐渐得到响应。

学习空间，顾名思义，是一个从事学习活动的场所，其范围覆盖整个校园，以技术、设备、物理空间为基础建构的学习环境，结合教学法面向教师与学生构造的学习环境。学习空间包括正式学习空间、非正式学习空间和虚拟学习空间三种空间类型。

图书馆是为一定的社会经济、政治、文化服务的，是一所收集、整理、保存和利用书刊资料的文化教育机构。它不仅为用户提供书籍等资源，满足了用户对文献资源的需要，还为用户提供了学习的场地，便利了用户的学术研究。图书馆中的学习空间，指的是图书馆中任何可以进行学习、交流、合作等活动的区域。

全美图书馆空间调查的领头人斯科特·贝内特认为，大学图书馆应该是促进学习的好地方，它在过去长期被经多年积累的大量藏书所占据，严重忽视了读者的学习需求。贝内特在《图书馆学习空间设计》的报告中认为，图书馆必须是促进教育与学习的适当地点，以满足学生的学习需要。而贝内特的看法，也引起了有关“图书馆必须是学习地点”的争论。

学习空间根据不同的分类，有着不同的空间类型，但归根到底学习空间的目的在于满足个体学习的需要，为个体提供一个舒适、优美的学习氛围，提高他们的学习效率，使他们更好地进行研究。

二、学习空间与信息共享空间、学习共享空间

据文献研究发现，目前国内图书馆领域对于图书馆学习空间与信息共享空间、学习共享空间的概念尚处于混用状态。

张田力在其论文中从研究者、内涵、形式、作用、结构、应用领域、评

价等多个方面分析了学习空间与信息共享空间的不同。

①从研究者上看，学习空间主要的研究者为教育技术人员，是基于教育技术学的角度开展研究工作的；对于信息共享空间的研究，主要是从图书馆学的角度进行的，主要研究者是图书馆学方面的专家。

②从内容上来看，学习空间为学习者创造了一种包容开放、高度自由化，并且可以随时进行社交活动的学习区域，而这种区域中既包含了实物空间又包含着虚拟空间；信息公共空间，是指一个全新的信息公共服务模式和新型设施，以满足人类全新的信息学习与研究方式。它把传统的印刷资料和数字资源连同计算机的各种信息业务形式集成到一种比较封闭的信息技术环境中，并进行全方位信息公共服务工作，以满足的人类信息需求与知识学习。

③从形式上看，学习空间的存在不需要任何的附加条件，有学习活动的地方就是学习空间；信息共享空间是基于图书馆发展起来的，信息共享空间是图书馆与新技术及知识整合的产物，以图书馆系统为依托。

④从作用上看，学习空间为学习者建立了更优的学习场所和学习环境，推动各种形式的学习活动开展；信息共享空间实际上是一种信息服务模式，它旨在尽可能地满足用户的信息需求，以推动用户的研究和学习。

⑤从结构上看，学习空间作为一个学习的场所，只要能在学习的过程中发挥作用，就可以将其看作学习空间；信息共享空间则必须是一个连续的整体，多方面因素的综合才能构建一个信息共享空间。

⑥从应用领域上看，学习空间主要应用于校园的建设，在校园内建设学习空间以促进学生的学习活动，满足学生的学习的需求；信息共享空间主要应用于图书馆的建设和改造，以优化图书馆、提升图书馆的价值和满足图书馆用户的需求。

蒋银对图书馆空间、学习空间、图书馆学习空间和图书馆学习共享空间这四个概念进行了阐释。这四者存在一定的关联与区别，如图3-2所示。

第一，这四类空间都在探讨空间时注重空间内资源、服务的提供，而四种空间内的资源和服务的提供者有图书馆和学校教学部门、技术部门。第二，四种空间在探讨的过程中都强调或涉及实体空间与虚拟空间两个层面。从实体空间的角度观察，图书馆的学习空间是图书馆学习共享空间的上位类，是图书馆空间和学习空间的下位类，而图书馆空间与学习空间存在部分交叉关系，图书馆空间内有非学习空间。

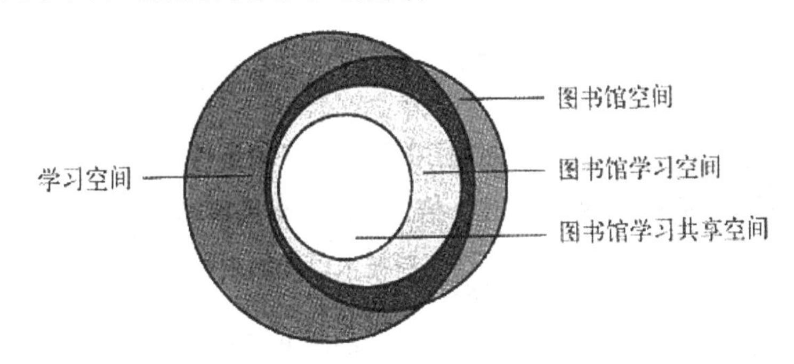

图3-2　图书馆空间、学习空间、图书馆学习空间和图书馆学习共享空间之间的联系

因此，我们认为，学习空间的概念范围相对更广，图书馆中任何可供学习的场所都可以称为学习空间。而信息共享空间、学习共享空间则是相对小一点的概念。它们被包含在学习空间的范围内，二者是学习空间的一种表现形式。除了信息和学习共享空间之外，图书馆中的学习空间还有多种表现形式，比如个人学习室、团队研究室、创客空间、安静学习空间等。

信息共享空间、学习共享空间也常常作为图书馆中某一学习空间的名称，而国外图书馆中的学习空间也有多种叫法，如Study Space、Learning Space、Study Room、Place to Study等。根据学习空间的不同功能与分类，可以有Group Study Space、Personal Study Space、Quiet Study Space等多种叫法。

三、布局方式

当代图书馆的学习空间颠覆了传统图书馆以书为中心的空间布局，它更强调空间的舒适性、社交性，注重陶冶文化情操，一改以往图书馆给人的生硬、呆板的形象，更强调以人为中心、以文化为中心，根据各个社会的主题、需要和特点，形成有主题、有思想、有情趣的社会文化空间。

学习空间的布局经历了不断的变化，其变化趋势如图3-5所示。传统的学习空间为内廊式，形制单一，见图3-3（a）；演变中的学习空间为开放式学习空间，有更多的交流空间，见图3-3（b）；现代学习空间为共享式学习空间，功能复合、集约，见图3-3（c）。

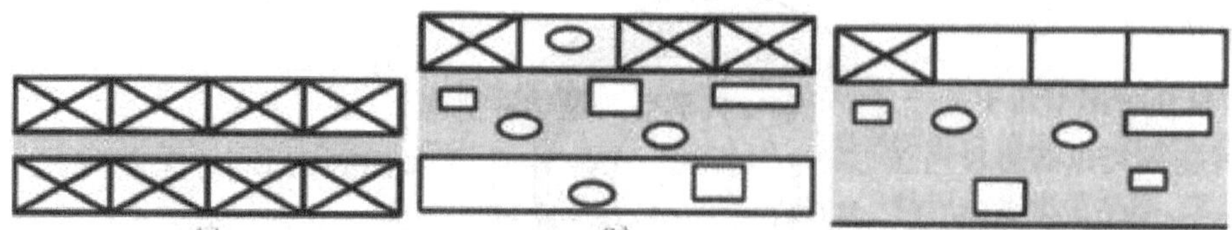

（a）—传统的学习空间；（b）—演变中的学习空间；（c）—现代学习空间。

图3-3　学习空间布局变化趋势

从学习空间布局发展脉络观察，早期的图书馆采用闭架书库，以隔开藏书室和阅览室。读者必须在服务大厅的检索台上寻找所需书目，通过管理员的帮助借阅图书。这种形式虽然节约了大量藏书空间，增加了图书馆的典藏量，但是拉开了读者与图书之间的距离，导致读者耗费过多的时间在借阅书籍方面，出现借阅程序烦琐、效率低下等问题。传统图书馆学习空间有阅览室和自习室，其桌椅的设计格局为行列式，如图3-4（a）所示。这种学习空间类型单一，无法满足当下读者多样化的需求，使读者埋头苦读，忽视了学习过程中与他人协作和交流的重要性。当代图书馆的学习共享空间则以学习和学习者为中心，提供创新型学习环境，充分发挥学习者学习的主观能动性和创造性，如图3-4（b）所示。

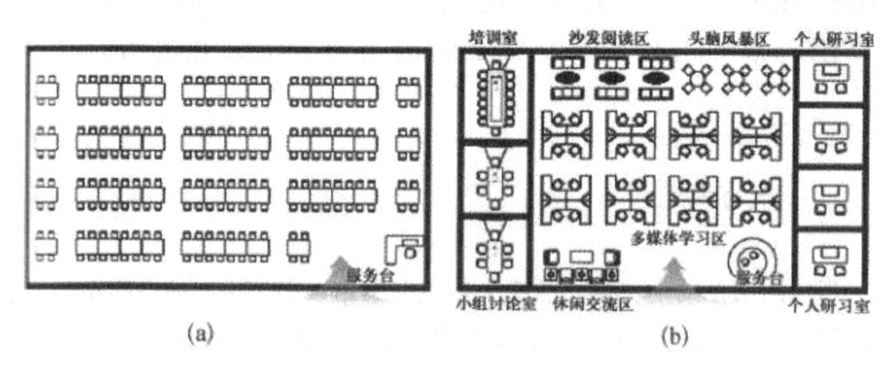

（a）—传统图书馆；（b）—当代图书馆

图3-4　学习空间布局形式

教育心理学及教学方式的变化与革新也为图书馆学习空间布局带来了新的设计理念。从接受式、发现式到建构式教学方法的转变使得高校图书馆成为学校教育链条上的重要一环，其建筑布局经历了“藏阅合一—藏阅分离—藏阅合一”“实体空间—虚拟空间”的衍生。教学手段的变革表明了高校图书馆由传统的以“知识获取”为基本功能定位向“信息交流和文化休闲”功能转变，而信息共享空间与学习共享空间正是线上与线下、实体与虚拟空间之间的媒介和过渡，同样具有重要的布局意义。胡浅予总结了教学方式对高校图书馆建筑布局的影响，路径图如图3-5所示。

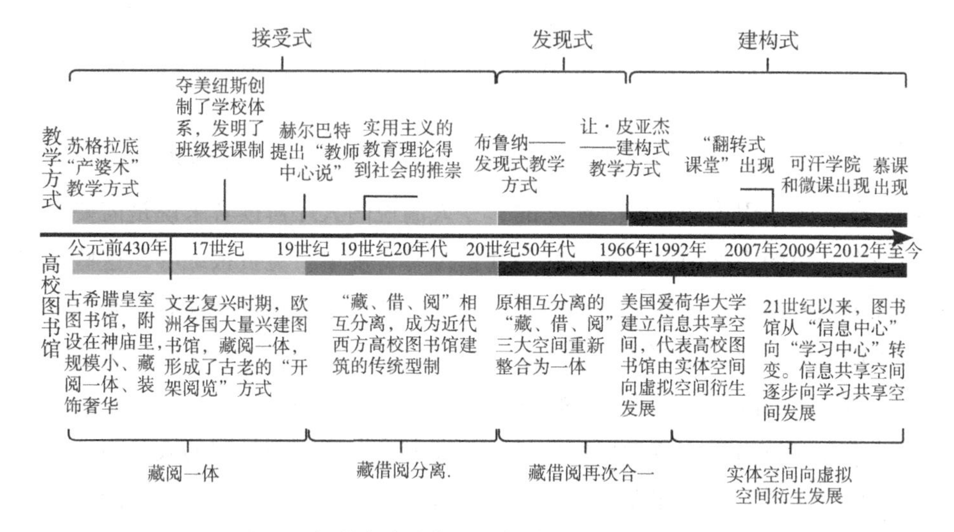

图3-5　教学方式对高校图书馆建筑布局的影响

当代图书馆学习空间的布局方式五花八门。从功能角度看，学习空间需要满足读者多种学习形式（如群体讨论单独学习、课堂教学）的场所及设施需要。因此其功能的划分应当基于读者的行为方式和学习需要，如阅览区、个人学习区等。除因满足部分学习者私密性的学习要求而设置的密闭讨论室、研修室等之外，图书馆还可以通过书架、沙发、隔断、绿化、灯具等设施将空间进一步围合和划分，布置成分隔却又互通的空间。

当代图书馆常见的一种布局方式就是借助多形状的书架，将学习空间隔开。由英国开卷公司设计的英国圣玛丽中心利奇菲尔德图书馆，就主要使用了弧形书架分隔出若干小型学习空间。这样的设计不仅保证了读者的个人私密性，同时也使得整体布局更显灵活。

第五节　公共空间

一、大厅

对于当代图书馆来说，大厅是最基本的空间之一，但经常受到忽视。一些建筑物在设计时只保留了很小的大厅空间用于空气流通。大厅空间也应当被纳入设计范围。

大厅是供读者出入建筑物的主要空间，也是读者最先熟悉的空间。因此，建造一个引人注目的、明亮的、令人愉悦的大厅对读者来说是需要的。一些图书馆的大厅内放置了一些公共宣传册、传单、免费报纸等，这些材料或许对某些读者有用，但是容易给大厅带来杂乱感，使得大厅看起来混乱，让大厅缺少引人注目的地方。应当将这些宣传册、传单等放置在靠近会议厅、阅览室的区域，保证大厅的整洁性和有序性。

大厅是读者见面或者聚集的场所，读者会在大厅与认识的人见面或者小组式地聚集或分散，在设计或重塑时，就应当将大厅的面积考虑在内。而前厅作为大厅的一部分或者是附属空间，一般作为用户整理鞋沙和水渍、脱掉外套或者收起雨伞的空间。

大厅的功能丰富，同时还能为读者提供导向。大厅中除了馆员参考信息台、清楚地指向信息外，还可以有展览空间、咖啡吧、特别展、热门图书展等。将公共洗手间设计的离大厅较近是比较优秀的空间设计。据调查显示，在日常咨询中，读者最常咨询的问题并不是哪本书在哪、哪个房间在哪，而是洗手间在哪。因此，大厅附近配备洗手间是非常人性化的设计。图书馆大厅中一般有借阅台、咨询台、展览区域、指示标识等区域。随着互联网产业的发展，很多图书馆大厅设置了自助服务区，如图书自助借还区。

图书馆中的借阅台，也称为流通桌。具备的功能如下：文献借出，自检工作台，文献归还，问候读者，发放借阅卡，监视图书馆入口，处理寄存物品馆际互借、预约书籍，提供电话总机服务，提供处理容易丢失物品的场所，大学图书馆中还提供阅读功能场所，等等。在当代图书馆中，参考咨询台和流通台有时是合并在一起的，参考咨询台的主要功能有传统的参考咨询服务、读者指导、计算机支持帮助、监督等。

二、展览空间

展览空间或展示空间是现代化图书馆重要的进行展览的区域或空间，主要以展示文化艺术、馆藏资源等为主。当代图书馆展览空间中展示的内容丰富多样、不拘一格，除了一般的馆藏资源推荐之外，还包含了书画展、文献展等题材。展览空间身负图书馆社会教育的育人使命、也具有对校园历史文化的传承功能，是学校大学生的社会实践平台。

展示空间可以采用多种表现形式，具体如下。

（1）设置专属空间

结构图书馆空间构造，设置专门的展览厅等空间，通过展示馆内的特色馆藏来增加图书馆的文化底蕴，实现文化交流和文化的传播。

（2）合理利用交通空间

一般而言，像回廊、过道等交通空间都是读者使用频率多、参观率高的区域，可以结合这一特征，在回廊、过道出入口附近等处开展一些文艺性的静态陈列活动，以吸引更多的读者停留、观赏。利用交通空间进行展示的主要优点：一是有很大的灵活性；二是不易受到馆舍空间的影响。

（3）巧妙利用复合空间

考虑到图书馆展览活动具有临时性，可以设计几处具有灵活性、适应性的复合空间，将同一空间内的多种功能进行加工、组合，以提高空间的利用效率。

澳大利亚新南威尔士州公共图书馆在图书馆二层设置了“收藏家展览馆”，该馆借助很大一片空间将一些收藏家的收藏品聚集在一起展示，形成了一个展览空间，大大提升了图书馆的文化氛围。

三、交通空间

在传统的图书馆设计中，交通空间仅仅是作为连通图书馆各功能空间而存在的，忽视了它的潜在功能——读者在其中除了穿行之外的其他行为模式。

道路空间主要包含了台阶、扶梯等垂直交通要素及过道等水平交通要素。空间按照形状分为点和线。节点建筑主要以门厅等节点形态存在，主要用途一般为疏导建筑物内的人流聚散；线则是指点和点之间的联系，线的集合形成整个了建筑物空间的整体架构。

针对交通空间的布局，过道等水平交通空间应当布置在图书馆的几何中心位置，首要考虑的因素是大厅到其他区域的距离，这是因为不对称的路线和较长的过渡空间，都会减低可达性。因此，应当增加大厅同其他区域的线路选择和连接数量，以节约读者的时间，增加便利程度；在垂直交通布局方面，对于需求较少但可达性相对较大的公共型垂直道路，则同时要求更多分散布局的较深度的疏散型垂直道路，以缩短各个区域与疏散型楼梯的距离，以便提升疏导效果。

图书馆可以考虑在交通空间加入学习功能，以提高空间的利用率。如高校图书馆可以有意识地在交通空间增设供学习使用的桌椅和其他设施，这样不仅有助于读者在交通要道上学习，事实上还缩短了他们去往其他区域寻找书籍的物理距离，这是一种学习空间和交通空间的结合，给交通空间带来了趣味性。对于垂直交通空间，如楼梯也可以改良成阅读空间。当楼梯足够宽敞，并配置较为舒适的坐垫等设施的时候，就容易引发读者的停留休息等行为，从而产生阅读行为，达到了充分利用空间的目的。

四、庭院

庭院空间是介于自然空间和室内空间的中性空间，具有模糊性，这使得庭院能够将读者的阅读活动与休息行为有机地交织在一起。由于庭院的范围确定是人为的，因此在庭院内需要创造出一种读者可以感知的人情味与亲切感。

围合而成的图书馆庭院空间，是最基本的设计布局。这些庭院空间有的是作为读者人流穿越的通道，有的作为室内阅读空间的补充，还有的则主要供读者休息观赏使用。常用的围合设计思路有以下几种。

①封闭的围合，庭院的四周被建筑体围合而成；

②通透的转合，具有流动感是其主要特色，如常用的三合院形式，或采用门洞山石、绿化等手法围成的四合院，这种庭院空间给读者稳定的拥有感的同时，又给读者留有遐思的余地；

③松散的围合，庭院四周的建筑物和其他建筑实体的布局是松散的、不规则的。

一些图书馆在进行空间塑造时融入环保的理念，沿垂直方向在顶楼的天台上设有多个绿色“空中庭院”。这种布局使得图书馆与自然环境相融合，起到了维持恒温、净化空气的效果。室内外环境连为一体，将花园引入图书馆内部的设计，草地和绿树在馆内随处可见，使得读者更乐于在此处捧书而坐。

五、休闲空间

图书馆中的休闲空间形式多样，如独立休息区、咖啡吧、书吧、音乐欣赏区等。休闲空间在条件允许的情况下，也可以采用自由随意式的空间形态，如使用矩形、椭圆形、曲线形和折线形等空间字列方式。这种设计使得休闲空间有着很强的自由度，更加自然，具有生活气息，容易产生生命力，创造出空间节奏、韵律和美感，吸引大批读者前来。

图书馆休闲空间的布局需要结合读者的需求，设计应当更加人性化，在设计的时候可以借鉴以下要点。

①布局设计注重连续性。休闲空间和其他空间区域应当用阻隔带进行隔断，以维持视觉的连续性，防止读者过久地待在封闭空间而产生烦躁的情绪。

②营造绿化景观空间。绿色植物能够减轻视觉疲劳、柔化建筑空间，减少硬质空间给读者造成的压迫感和焦虑情绪。而休闲类的阅读空间，则尽量选择在靠窗边、周围自然采光充分、视线开阔、景色秀丽的地方，让其视觉空间不断拓展，与周围自然景色充分融为一体。

③增设能量补给站。在休闲空间内部摆放自助售卖机，以便读者感到疲劳饥饿时能获得能量的补给。

在图书馆休闲空间的家具设计中，设计师应尽量将桌椅布置得有灵活性，如将座椅设计成面对面或者背靠背，让使用者自己选择。曲线的座位或者布置成直角的位置较为合理，因为双方都有交谈意向的时候就会拉近彼此的距离，而想清静的话，也可以立即从无聊的攀谈中解脱出来。椅子间距宜适当加大，增加坐姿的舒适度，有助于长时间的交谈；桌子的尺寸不宜过大，且调矮高度可以拉近读者之间的交流距离；增添桌椅的摆放形式，或者布置可以随意移动的座椅，供读者自己摆放喜欢的形式；座椅宜采用软质地的材料，如皮质、棉质等增加舒适度；座椅的尺寸可以偏大，方便使用者调节最舒适的坐姿习惯。澳大利亚新南威尔士州公共图书馆的幼儿休闲区中就设置了符合幼儿使用习惯的较矮桌椅及适合陪同家长的大型沙发，并使用了一些可爱的贴画和玩具提升空间的低幼氛围，空间整体风格轻松明快。

一般而言，休闲空间也具备休息的功能。有些图书馆的休闲空间在定位时就设计成为读者提供可以休息、不要求肃静、可以饮食的区域。具体来说，休息空间是提供小憩和放松的空间，根据情况决定是否允许饮食。澳大利亚悉尼大学费希尔图书馆的休息空间，单独设置了一个睡觉区域，在区域内放置了一些睡眠舱，能够为学生提供小憩。费希尔图书馆提供的睡眠舱是由MetroNaps公司设计的一款名为EnergyPod的座椅，这款座椅专门为午睡设计，它在注重时尚的同时结合人体工程学的功能，创造出一个理想的补充体力的环境，座椅采取半封闭式设计，将上盖拉下来后便可遮住外界的视线。读者在使用睡眠舱时，需要脱鞋进入舱内，之后拉起隐私屏障，将椅子倾斜。点击i20按钮后，睡眠舱就将进入睡眠环境模式，同时会提供轻柔的声音和舒缓的音乐帮助使用者进入瞌睡的状态，同时还伴有散射的彩灯在舱内顶棚闪烁。睡眠舱的使用时间为20分钟，使用结束时睡眠舱会以轻柔的、逐渐增强的声音和脉动将使用者唤醒。费希尔图书馆的睡眠舱不需要预约即可使用，为需要短暂休息的读者提供了舒适的空间。

第四章　微观角度下的当代图书馆空间设计

第一节　桌椅设计

弗雷德等人在分析多年图书馆空间布局经验的基础上，发现了图书馆在购买家具中存在的一些问题。有些图书馆放置的扶手椅过高以至于读者坐在椅子上靠着椅背时双脚不能着地；有的图书馆使用仿软羔皮材质的椅子，这类椅子由于在天热时容易吸收读者身上的汗液和油脂，使用几个月之后就被废弃，使得图书馆不得不重新置换家具，增加了不必要的耗费；有些图书馆提供长条沙发却发现大多数读者用来睡觉。

图书馆摆放的设施一般是桌椅和书架，它们在图书馆内部空间作为连接各类区域的“特定构件”，起到了协调区域空间关系、发挥各空间的特定功能的作用，最大限度地发挥了空间的使用效率。

一、桌子

在图书馆内部空间中，主要有以下几类桌子。

1. 单人阅览桌

图书馆的阅览桌对宽度有一定的要求，需要满足用户存放自己的笔记本电脑、书籍、记事本等物品的需求，且预留一定的富余位置。这是因为在图书馆中，读者拥有一定的“领地意识”，都希望在开展学习的过程中不受干扰。这就要求图书馆为这些读者提供仅供单人使用的单独阅览桌，或者能够与相邻的座位用隔板隔开独立的空间，即小隔间。

这种类型的桌椅主要为了避免用户在开展学习的过程中与其他读者发生不要的眼神接触，以免产生“尴尬”的心理。

2. 小隔间

小隔间在三面都设置了竖直挡板，是一种提供三个方位隐私保护的单人阅览桌。这类桌子桌面要求至少1.2 m宽，这样才能为读者提供足够的空间从事学习活动。为了满足用户的个人学习需求，图书馆会摆放较多的独立小隔间类型的阅览桌，还会使用隔板的方式将大阅览桌分出许多的小隔间，隔板能够随时拆除以组成所需要的阅览桌形式。这些小隔间互相独立，比较灵活。

3. 两人用方桌

方桌采用方形尺寸，长宽要求基本一致，在对边提供两把座椅，如图4-1所示。这种方桌应该尽量避免提供四张座椅，研究表明，当每三个读者坐在这种桌子上时，会形成一个小直角三角形，一定程度上会影响甚至阻碍个人学习或者小组交流活动。

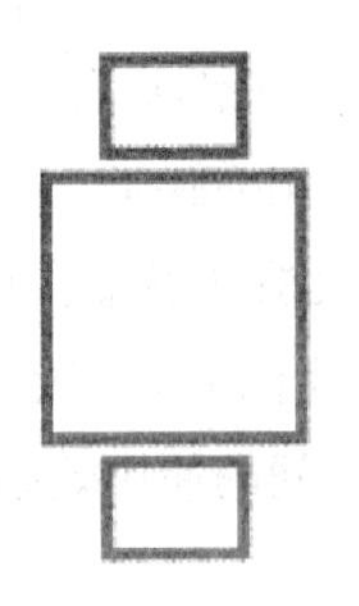

图4-1 两人用方桌

4. 四人用长方桌

这种类型的阅览桌的平面是一个矩形，应当在两条长边各提供两把椅子，而短边尽量不要提供座椅，如图4-2所示。这与上述的方桌只在对边提供两把座椅的原因一致。大学图书馆和研究型图书馆对这种长方桌的尺寸要求较高。这类桌子在图书馆十分普遍且具有重要的布局地位。对成年人来说，他们都希望有自己的私人空间，这种“领域意识”使得他们倾向于自己占用一张桌子，当归桌子他们一个人使用时就拥有更多的空间来打开书本、摆放笔记本电脑等物品。同样地，当一个读者占据了四人用长方桌的其中一个座椅，另外一个读者一般会选择先前读者的对角线座位入座。这样的做法不仅给读者来带了舒适愉悦感，还节约了图书馆空间。而对于青少年而言，他们在公共图书馆更倾向于使用四人用长方桌，甚至搬来更多的椅子来组成五人乃至六人桌以满足青少年进行团队学习和交流活动。四人用长方桌使用范围和功能广泛、多样，在读者之间广受青睐。

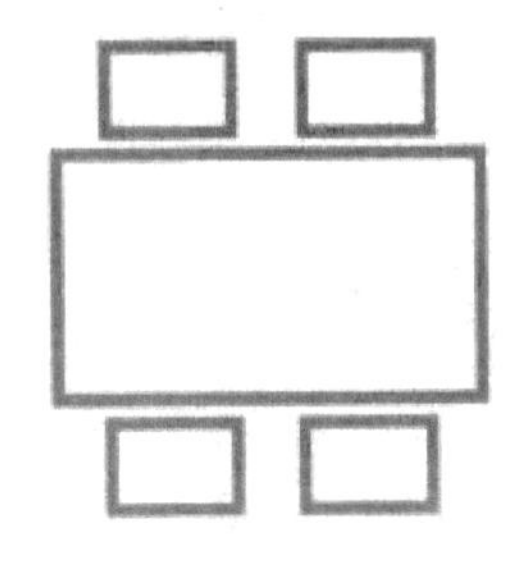

图4-2　四人用长方桌

萨默经过长期的统计调查，发现读者多分布在图书馆阅览桌的对角，他将这种行为归结于用户的隐私性需要、个人空间的需要。对此，他建议图书馆多摆放四人用的长方桌，这不仅保障了用户的隐私空间，还能充分利用空间，提高了使用效率。

5. 中间有分隔板的长方桌

大学图书馆也会配备低隔板的大型阅览桌，这种类型的桌子与上面提到的挡板式小隔间比较相似。

6. 两人或多人用圆桌

圆桌一般不适合用来工作和学习，更适合读者进行社交、阅读小说或杂志等休闲类型的活动。鉴于圆桌不提供工作面，读者在进行工作或学习等活动时，通常将自己携带的物品（如计算机、书籍、笔记本等）摆放在自己面前，这就导致物品容易掉落。

圆桌多用于进行社交活动的。研究表明，最有利于两个人交流的角度是零度和直角，圆桌的形式提供了最便利的聊天角度。

7. 索引桌

在当下，由于对连续出版物的文献需求越来越多，很多图书馆都会选择中间设置双面书架隔板的大型桌。目前这类桌型多布置在存放硬装书籍的区域或者金融服务等区域，加上这类书很容易被偷走，大多图书馆便只把它们放置在参考咨询台。现如今这些索引桌需要引进新的用途，如设置为计算机桌或者放置在儿童区域内充当乐高玩具桌等。

8. 定制计算机桌

现如今图书馆中有丰富的非矩形计算机桌。六角形计算机桌是最常见的类型，它可以摆放六台计算机供六名读者使用，且所有的计算机线都可以集中存放在桌子的中心位置，大大减少了占用空间。但是由于形状的独特，这种六角形计算机桌的空间布局的难度较大。此外，图书馆还设有一些不规则形状的计算机桌，如瓣状计算机桌，能被读者用来放置个人计算机，但是一旦用户携带的物品较多时，这种桌型就难以满足他们的需求了。

9. 计算机工作台

与木制的个人用计算机桌不同，计算机工作台是专门为计算机设计的、配备了专门的计算机线管理槽。这种类型的工作台的采购渠道主要是专门定制办公室家具的公司。

10. 游戏桌

游戏桌在其桌子表面上一般有高压印制的棋盘或者双陆棋盘。这种桌子表面看上去很整齐，但事实上，在布置座位方面，纸牌游戏板比这类桌子更加灵活。

11. 低幼儿童桌

这种桌适用对象多是学前时期的学步儿童及低年级儿童。

二、椅子

1. 桌边椅

桌边椅分为有扶手和无扶手、带轮子和不带轮子，图书馆根据读者的需要在不同的区域放置不同类型的椅子。这种椅子需要与桌子有一定的匹配性，一般是与对应的桌子配套采购。

2. 有坐垫的长椅

有坐垫的长椅可以放置在读者需要短暂休息的地方，也可以为方便父母与儿童一同坐在计算机前而设置。

3. 卡座

一些图书馆在尝试将卡座应用于馆内。像美国宾夕法尼亚大学图书馆中就设置了用餐式卡座。这种四人卡座尺寸一般小于四人阅读桌，减少了一定的空间浪费，每个卡座上都配备了显示器、台式机、带有网络摄像头的笔记本电脑及个人笔记本电脑连接线。

4. 软座

大多数图书馆都会提供舒适柔软的座椅，这类座椅多适合那些仅进行阅读活动的读者。扶手椅、双人沙发、长沙发、摇椅等各式各样的座椅都可以设置为软座。

扶手椅非常适合成年人进行阅读和工作。图书馆在选择扶手椅时，要注意扶手椅的前端到后背的距离不宜过大，距离过大会虽然能使读者坐在椅子能将后背靠在靠背上，但是双脚却是悬空的。同时也不宜采购过矮的扶手椅，这很可能会导致年长者坐上之后想要起身却十分困难。

双人沙发多设置在公共图书馆的亲子区域，这类沙发不适合成年人用来休息，因为长度不够，它更适宜父母和孩子坐在一起进行亲子间的阅读互动活动。当小孩困了，就能躺着休息一会，父母也能坐在旁边看管。

长沙发相对其他的座位来说最为舒适且富有吸引力，但这类设置会给图书馆带来一些问题。第一，对于公共图书馆中的亲子阅读区域来说，长沙发过长，双人沙发更加适合。第二，对于成年人来说，不认识的人一般不会挨在一起坐在沙发上，这是因为和不认识的人一起坐在沙发上会感到不适应。如果只有一个人坐在沙发一端，通常也不会再有其他与之不认识的人一起坐，除非座位不够，这就造成了一定的空间浪费。并且，如果两位要进行交谈的读者坐在长沙发上，就会出现180° 的水平角，这种角度并不利于人们的交流活动。

摇椅的设置有利有弊。对于公共图书馆中的儿童来说，摇椅过于危险，同时摇椅在使用过程中容易后移。但是有些读者则很喜欢自己在摇椅上边晃边阅读，这在一定程度上会影响到其他人，因此摇椅之间的距离及和其他家具的位置应当有较大的空位，但这又造成了不必要的空间浪费。此外，公共图书馆中的家长也很倾向于抱着自己的孩子一起在摇椅上阅读。

有一些图书馆也摆放半躺椅，以便读者可以以一个更放松或更舒适的姿势进行阅读或者休息。

5. 新颖式座椅

当代图书馆中的座椅类型更加多样化，不再局限于传统的座椅形式，在图书馆的大厅或者休闲区域摆放了很多款式新颖的座椅，尤其是在图书馆大厅或者休闲区域。多功能家具的摆放，提升了图书馆的实用价值和审美水平，甚至有助于改变用户的思维方式，激发他们的创新思维。

北卡罗来纳州立大学的希尔图书馆的学习共享空间中设有新式座椅。该馆中的书架区靠近窗户的位置，放置了多个三面隔板沙发，喜好安静的读者都乐于在这一区域入座。同时，在这些沙发区域学习和工作的读者完全不用担心受到干扰，因为坐在沙发上的读者抬起头只能看到自己面前的空间，无法看到其他座位上的人，同时自己阅读的书籍或计算机屏幕也不用担心被他人窥视，为需要安静学习和深度工作的读者提供了良好的隐私空间。

三、桌椅布局

图书馆椅子的布局意义重大，尤其是在环境心理学的研究领域。对于读者的阅览桌喜好，可以从动态和静态两个方面考虑。

静止层面，对于不喜欢喧闹的读者来说，他们更倾向于在馆内寻找一个宁静的阅读和学习区域，并要求具有一个能保护隐私、不受任何人打扰的独立空间。

动态层次，指的则是读者之间的协作、交流状态。

桌椅与书架的整体布局属于宏观设计布局中的一部分，下面是当代图书馆中常见的一些桌椅布局形式。

1. 面窗桌椅

面窗桌椅的布局最关键的两个要素是景致和光线。

景致。窗外是否存在景致、景致是否值得一看，常常是读者首要考虑的因素。当代图书馆建筑多采用大量的玻璃幕墙或者大面积窗户的建筑形式，以保证窗外景致的质量。研究表明，美景能够让人放松心情，提高工作效率，当用户感到疲倦时，通过欣赏一段时间的景色有助于调整状态、放松大脑。此外，面窗桌椅除了具有附加的实用价值之外，还存在一定的边际效益，如看人、等人和被看等额外功用。

光线。一些图书馆在摆放面窗桌椅时不注重桌面的摆放角度。朝东或朝西的布置使桌面容易受到光线直射。为了解决强光影响读者学习的问题，图书馆通常在这类座椅旁安装帘子，但这种做法成本较高，窗帘容易损坏，而馆内白天挂帘子、开桌灯的方式会造成不必要的能源浪费。此外，窗面的大小会影响桌椅的亮度和读者的视线，对窗帘和灯具的摆放有或多或少的影响。朝窗的阅览桌都应当配备桌灯，以便在昏暗的环境下提供照明。

2. 面墙桌椅

图书馆设置面墙桌椅需要考虑以下几个因素。

①面墙桌椅需要配置合适的灯具。可以考虑在天花板设置一些能够调整亮度和控制照射方向的投射灯，或者在桌椅旁提供合适的桌灯。

②应设置较宽的面墙桌面。研究发现，桌子紧贴墙壁会给读者造成压迫感和阻碍感，带来不好的阅读体验。因此，桌面的宽度应当适当加大加宽。

③桌椅后方过道应当加宽。较窄的过道不方便读者走动，尤其是在灯光效果不好的区域内，给读者带来一种滞塞感。隔板会强化桌面的封闭程度，因此应当设计可以随取随用的隔板或者采用半透明材料的隔板。

澳大利亚悉尼大学费希尔图书馆的面墙桌椅，设置在走廊中的一面内凹的墙壁处，在提供充足座位的同时提高了空间的利用效率。此外，这处区域在天花设置了顶部的阅览灯，给整体提供了良好的照明环境。

3. 自由桌椅布局

当代图书馆中桌椅布局呈现自由化的特点，不再局限于传统的布局形式，尤其是在学习空间、休闲空间、大厅等空间内，布局形式丰富多样。

瑞典哥德堡大学图书馆根据不同的座椅类型，进行不同的布局排列，这种设计旨在追求美观大方，满足用户的阅读、学习和工作的需要。瑞典马尔默大学图书馆的“有声读书”区域，特别放置了高背双人座椅，以鼓励读者寻找自己的“阅读伙伴”、朗读他们欣赏或需要记忆的内容，更好地满足了读者的需求。馆内还设有各类“自由学习区”，在那里并没有摆放桌椅，读者可以任意停留在各位置角落。

4. 临时桌椅布局

在读者入馆的高峰阶段（如考试期间），一些图书馆在走廊、过道等交通空间放置临时性的桌椅，这类桌椅是可拆卸的、便于移动的，同时提供修缮服务，以容纳更多的读者进馆阅读、学习，将这一区域打造成“临时性”的学习空间。待高峰期结束，便将它们存放、回收。

馆内的桌椅等设备的设计布局，不仅是一门艺术，还体现了图书馆的人性化管理理念。图书馆应当以用户为中心，根据用户的实际需要对馆内空间进行布局改造。

第二节 书架设计

书架是图书馆的“灵魂”设施，它不仅仅是存放书籍的容器，还影响着图书馆的整体空间环境，展现了馆内的空间构造水平。随着社会的发展和科技的进步，人们的审美水平不断提高，对书架的款式、材质、颜色等要素设计有了更高的要求。对于书架的设计，既要体现时代的新颖性，又要在时尚的基础上尽可能多地收纳书籍，提高图书馆的空间使用效率。

书架作为存放书籍资料的物理容器，考虑到它的人工和时间成本，一般不会轻易更换和移动。随着时代的进步，一些图书馆逐渐减少书架的使用，以预留更多的学习空间。但是书架仍然是图书馆空间的“一分子”。

一、发展历史

书架的设计取决于书籍的类型和形式，两者都是社会经济和科技的产物，相互促进、相互作用。

在古希腊和古罗马时代，卷轴是最早的书籍形式，珍贵的卷轴被保存在一个匣子里，这样不仅方便珍藏，还便于运输、流动。卷轴的两端附带标签，标签上注明了作者等信息。

后来，出现了用木头或者象牙制作的刻写板用来记录资料，逐渐代替了昂贵的卷轴，成为新的图书形式。到了公元4世纪，手抄书逐渐取代刻写板成为最流行的书籍形式，封闭式的橱柜随之出现。在中世纪，大量的书籍被放置在修道院里，这些书籍几乎都被锁在可以手拎的书箱中，一是为了运输方便，二是防止受潮。

12世纪末，常用的书籍被修道士存放在教堂的壁龛中。14世纪，出现了配备木板封面链环的纸质图书，图书封面安装了一个链环，书籍切口朝外，同时还出现了站立式的读书台，学者们坐在长凳上阅读书籍。

16世纪，出现了斜面读书台，这种类型的书架上方盖着一层布帘以防止灰尘，书台外侧附带了目录，以便查阅。同时，这一时期的书籍上开始印有作者名和书名。16世纪后期的图书取消了链条，不再将书籍挂在书架上。出现的大转轮书架和书柜使得书架能够移动，且有了更大的空间容纳图书。

17世纪末出现了书亭系统和墙面藏书系统。到了19世纪末，出现了一批悬挂式和滑动式的书架，这类书架能容纳更多的书籍。维多利亚时代末期，出现了轻质木材和铸铁栏杆制成的书架，能够挂在墙上存放图书，这一时代还出现了旋转式的书柜，底部安装了滑轮，大大提高了书架的移动性和便捷性。

20世纪初，移动式书架问世，到了现代更是涌现了大批五花八门的书架类型和书架风格。

二、书架种类

一个书架的组成，包括了许多配件，有立柱、搁板、顶板、底脚、侧护板等。

书架的布局排列常常使用到正架和副架两个概念。所谓正架，是能够单独组成一个架子的书架单元，也被称作主架；副架则依附于正架，辅助正架的使用。目前来说，书架的类型主要有以下几种。

1. 按存取侧向分类

这种分类方式的书架分为单面架和双面架。单面书架多贴近馆内墙壁，这样的设计大大提高了书架的容纳量，而且更便利读者进行书籍选择；双面书架的数量明显多于前者，它既能节约空间，又能增加藏书量。

2. 按功能分类

根据馆内的空间和职能，书架有单体书架、连体书架、密集书架、手动书架和智能书架等类型。

单体书架多作为书柜，柜门的数量根据实际需要进行设计；连体书架由多个单体书架连接组合而成。多为框架结构；密集型书架是将多个柜子反复靠拢或者分开，来便存放和取阅图书，有手动式、电动式和电子智能式之分。

3. 按使用材料分类

根据选用的材料，书架分为木质书架、钢木书架和金属书架。前两者受到多数图书馆的青睐，它们根据馆内的环境、使用功能、书籍类型等因素进行分布设计。

4. 按柱形分类

按柱形有单柱型书架、复柱形书架、积层书架和滑动式密集型书架。

单柱型书架以单柱金属作为支柱，来承受水平隔板上的书籍重量，既能单独使用，又可以进行对接组合形成连体书架。当书架高度达到一定的数值时，顶部多安装专用杆进行连接。

复柱式书架由两个以上的钢管为支撑，可以承受大量书本的负重。

积层书架是一个利用活动甲板与室内空间分隔开，并重叠组合而形成的多层固定钢制书柜。

滑动式密集型书架则是由活动架列与固定架列构成的，并利用智能手柄加以控制，让其在导轨上自由移动的书架型，大大提高了图书的使用效率。

三、布局与设计

图书馆的书架层数、高度等都有一定的设计标准，需要结合室内空间和照明情况进行布局规划。我国对图书馆书架的各类指标都进行了详细的规定，见表4-1和表4-2。

表4-1　书库书架连续排列最多档数（档）规定

条件	开架	闭架
书架两端有走道	9	11
书架一端有走道	5	6

表4-2　书架之间及书架与墙体之间通道的最小宽度规定

通道名称	常用书架/m		不常用书架/m
	开架	闭架	
主通道	1.50	1.20	1.00
次通道	1.10	0.75	0.60
档头通道	0.75	0.60	0.60
行道	1.00	0.75	0.60

当代图书馆有更多类型的书架选择。对于小型图书馆而言，为了体现馆内的审美，书架多选用木质材料，但这种材质耐用性低，其富含的天然酸性和一些化学成分容易损坏某些特藏图书；对于大型图书馆来说，书架多选择附有支架和托架的钢制类型，灵活性高，容易更换零件，移动起来方便。

从形态上看，书架分为完全封闭式、顶部开放式和魔方式书架。

（1）完全封闭式书架

传统的上下封顶样式的书架类型。

（2）顶部开放式书架

书架的最顶层不设遮挡物，这样的设计使得更多的光线进入书架顶端，有一定的展示效果。

（3）魔方式书架

书架的每一层都由数量众多的立方格子组成，这种书架从外形上看具有别样的独特性，满足了当代年轻人的时尚追求。

图书馆书架的设计切忌千篇一律。这样的设计虽然使图书馆看上去整洁有序，但给用户带来了较大的困扰。第一，款式一致的书架有极大的干扰性，使得读者难以分辨想要寻找的书籍区域；第二，统一的格调给读者带来了压迫感。

对于书架的造型设计，应该与时俱进，根据不同的功能布局、用户需要设计不同款式、不同功能的书架，如供读者休息的多功能书架、摆放绿植的护眼书架等。

除了统一的常见书架之外，当代图书馆还可以在不同的空间区域布置一些创意型书架，根据图书馆的性质和实际情况进行布局，以吸引用户的眼球，增加图书馆的客流量、提高图书馆的名气。

第三节 标识设计

图书馆作为储存和传递文化的社会教育组织，其建筑外形、横标等都是图书馆标识的重要体现。图书馆的布局规划要求达到建筑美与环境美的协调，实现人文与自然的和谐。

图书馆的导向标识系统是一种公共信息导向系统，借以图形、文字等引导读者的馆内活动。视觉标识如果太多、随意性太强，容易使读者眼花缭乱，破坏图书馆的整体协调感，现实的社会缺乏对图书馆这类文化组织图形符号和标识的制定。

一、概念与内涵

标识指的是一种富有特殊意义的符号，源于外语sign。它指的是将所要传达的内容借助符号等形式外化，是信息发出者和接收者之间的交流符号。

标识是一种视觉符号，是人们在长期的社会实践过程中，渐渐形成的一种富含特定信息的图形符号，多应用于公共空间。它的传达能力强于文字，使用户一看便能知晓其要表达的内容。由此可见，标识是一种引导用户，将所要组织的内容清晰地表达给用户，并为其指明信息位置的体验工具，是群体化、系列化的产物。

标识系统的范围更广，覆盖更多的导向信息。其作用在于传达给用户一种直接、明了的视觉信息，是依赖于共同的服务性质所汇成的集合体。从广义的角度看，标识系统包含了标识物、地图、地标等，对人们产生一种感官和行为的导向。从狭义的角度看，标识系统专指标识物，是一种借助文字、图案等元素的组合，将所要传达的信息外显化的视觉设计。

与它们一起出现的还有“寻路”，它通常被界定为使用空间和环境信号来判断目的地的过程。在一定的社会环境下，为克服人在意识空间中的迷失问题，人们使用标识建立一个系统而连续的疏导系统，这样的系统就被叫作导向标识系统。

导向标识系统分为导向系统和标识系统，指的是通过标准化的设计，将特定的建筑位置用一种形象的方式传递给用户，以便其精准地找到位置的信息系统，多应用于公共场所。

引导标识体系一般由馆外延伸至馆内。室内引导标志包括索引标志、馆名标志等；户外引导标志以索引导向为主，强调艺术与实用性的融合。导向系统也可包括视觉传达与环境艺术两种范畴。视觉传达是指一门不分国界的视觉艺术语言，强调用简单醒目的图像来表达其要传达的信息内容；而环境艺术则要求图形符号与整个自然环境相互融为一体。

图书馆的建筑、周边环境受到图书馆标识系统的影响，其所传达的设计理念、主旨内容都会潜移默化地影响图书馆内外的空间布局。在标识系统、环境设计和文化建筑相融合的当下社会，如何设计一个合理的标识具有深远的意义。标识系统作为一种强大的视觉交流工具，帮助用户进行定位和导航，给用户带来了极大的便利，但是标识不宜过多，否则很有可能被用户忽略掉。

在标识系统设计方面，馆员承担起标识设计、传单、宣传等职能。在图书馆中，标识系统主要有两个功能：

①帮助读者了解图书馆；

②提高馆内资源可见度，便于读者寻找所需要的资料。

具体来说，标识可以分为以下几种：

①传递信息，包括传递服务信息、设施信息，像信息索引、使用指南等。

②指引方向，注明图书馆各空间区域的具体楼层、位置，如指示牌、箭头等。

③识别位置，标注区域名称、楼层数、各功能区的标识。

④安全监督，进行警告和安全说明，如馆内使用规则等。

总的来说，图书馆的标识系统在于同读者进行视觉交流并向他们传达必要的信息，让用户自行选择和判断所要去往的区域。

二、标识类型

图书馆的标识系统根据不同的划分，其类型也不一样。

根据工作内容划分：分为导向标识、设备使用说明类标识、规章制度类标识、温馨提示类标识、通告类标识。

根据所处的空间位置和功能需求划分：按照所处的空间定位和功能，需要划分为一级、二级和三层的引导标识，一层引导系统，是当读者进入图书馆内部时看到的一个标志，是对建筑整体功能的说明，多设置于大堂等地方；二级引导系统主要是介绍所在楼层空间的功能，多设置于楼梯口等地方；而三级引导系统则是对各楼层的内部空间进行指引与导示，内容包括书籍种类等，以及规章制度、温馨提醒等。

馆徽、馆训，图书馆建筑及公共区域标识、专供老弱病残等群体使用的标识等也是图书馆标识系统的一种划分方式。

总的来说，图书馆标识概括起来可以分为以下两种。

（一）功能性标识

1. 导向标识

导向标识旨在帮助读者了解自己所处的位置及帮助他们寻找目标地点，其功能是“去哪里发现”。用户根据这些引导找到去往目的地的最佳路线并能返回原地。导向标识最重要的作用就是指明方向，因此它一般包括详细的位置信息、所在地、方向箭头和符号。对于行走路向标识必须有箭头的指向。这类标识既可以设置在墙上，也可以设置在地面上，比如费希尔图书馆的地面导向标识系统。

2. 识别标识

识别标识系统包含了对单个空间区域进行指示牌引导，还包括了在这些区域内的对象和应用的标识，图书馆中的桌面标识、房间识别标识等是识别标识的应用。简单来说，识别标识即信息的用途和作用，用于识别位置及区分各使用功能。

馆藏分布标识是一个重要的识别标识，引导用户查找所需要的信息资料。其分为馆藏示意图、文献分类架等。馆藏示意图要求图文结合、生动形象，有总示意图和根据各楼层设置的分示意图；文献分类架一般设置在书架的前端。馆藏分布标识多包括指明书架的藏书分类索引号和类目名称，多贴在书架上。某些图书馆设置在地面上。一些先进的现代化图书馆采用杜威十进制分类法对图书和馆藏进行划分，以方便用户查阅文献资料，像澳大利亚悉尼科技大学图书馆。

3. 指导标识

指导标识主要引导图书馆用户“如何去做”“应该怎么做”及“去哪里做”，用以向读者描述行为、规则和多阶段性的任务。在图书馆中，指导标识包括了规则、时间指示、限制规范和指南，这些标识帮助用户更好地使用图书馆。同时，图书馆要注重标识的视觉体验，对于风格不一且容易造成混乱的过时标识，应当及时停用。

指导标识中的规则标识常常被单独拿出来作为一种分法，表示提醒用户注意规章制度，对用户的违规行为提出警示。一些学者认为一些强硬的禁止性标识使得图书馆缺乏人性化管理，让用户感到不安和局促，这些标识应当被弃用。事实上，对于一些带有提醒性质的警示标识，需要采用温和的方式来进行引导，比如在设计标识文字时倾向于一种诙谐幽默的语气而不是生冷刻板的话语，借助温和的颜色使文字表示看起来平和，体现人性化设计。

4. 信息标识

信息标识用来传递服务和设施信息，提供“细节性的描述”，包括图书馆地图、使用指南等。

信息标识也分为图书馆总指示图、信息通知牌等。用户进入图书馆首先看到的是总指示牌，其展现了图书馆的全貌，从整体的角度进行信息指引和说明。总指示图应该包括图书馆整体的平面布局、开闭馆时间、图书馆馆史、工作人员的信息等。由于图书馆信息众多，因此多在大厅及各功能分区设置信息通知牌，发布一些实时动态信息，如讲座等活动，图书馆还借助这些信息标识对用户进行导读提示，推荐好书等。图书馆的馆训和一些名人名言都可以纳入信息标识中，借助文化语言激励和鼓舞用户。

此外，还有安全紧急标识，以便在发生紧急情况可以及时疏导人群、引导逃离方向，保证读者的安全，是公共场所必须且常见的一种标识类型。包括安全疏散和消防等标识。

（二）特殊标识

这类标识主要面向特殊人群，如专供残障人士使用的设备和标识等，一般包括视觉标识系统、听觉标识系统、触觉标识系统。

1. 视觉标识系统

对于盲人用户来说，他们属于无光感的群体，无法靠视觉获取信息；对于低视力用户来说，他们能够对明亮的光线和一些动态明显的标识有一定的视觉感受。因此，图书馆在优化视觉标识系统过程中需要注意以下几个方面。

（1）先进性

引进电子导技术，建立电子导引系统，通过电子屏幕显示和语音播报向用户说明图书馆的建馆宗旨、服务内容、服务方式、机构设置和资源布局。

（2）逻辑性

对于盲人利用的物理空间，标识需要清晰、明了，按逻辑排列组合。

（3）警示性

用强烈的色彩和一些特殊光线来警示危险区域，像用红色缸砖砌成的踏步空间，边缘辅之以浅色，使得该区域容易被辨别，从而消除潜在的危险。橘黄色的标识也会引起人们的警觉，让人们提前预防、远离危险。

2. 听觉标识系统

盲人多依赖听觉增强对周边环境的感知，以弥补视力的缺陷。在优化视觉标识系统时应注意以下几点。

（1）将文化氛围纳入听觉引导之中

比如图书馆用轻快的乐调开闭馆的提醒。在休闲区域可以考虑布置假山落泉，播放自然的交响乐以引导盲人找准方向。

（2）科技手段和周边环境相融合

图书馆作为阅读思考的空间环境，需要保持安静，盲人听觉标识系统的音量设置不宜过大，也不宜过小。最新的科技“面向盲人的位置服务自动系统”只需轻触按钮就能提交盲人的出行地点和轨迹，语音的提示实现定位和服务功能，帮助盲人无障碍利用图书馆。

3. 触觉标识系统

盲人可以通过用手等触觉器官对馆内外或周围的事物进行感觉，从而获取信息，并进行方位确定。盲人可用手对空间环境作出认识并把信号传递给大脑，因此图书室内的楼梯、扶手处都必须设置连续整齐的盲文，以便于指引盲人读者行走并了解楼梯通道内的情况；图书明细架标、书库简介、盲文图书目录等用汉字和盲文两种样式进行标识，既便利了馆员的管理工作，也便利了盲人用户的阅览。

脚的触感能帮助盲人对其所处的位置环境进行综合性的判断，根据《城市道路和建筑物无障碍设计规范》，应当为盲人制作“触觉地图”，以引导盲人的行进方向，帮助盲人进行位置判断和感知，引导盲人进入图书馆阅读和学习。

三、设计要求

标识的设计受到图书馆的建筑风格、规模大小、地理位置、目标受众、色系等多种因素影响。

对于图书馆的标识系统设计，需要结合图书馆的实际情况，在综合分析、考察的基础上遵循以下原则。

（一）清晰性原则

图书馆标识最关键的作用在于向用户传达明确的信息和导向。初入图书馆对之不熟悉的用户，常常因为不了解馆内的布局而找不到想要去的区域，浪费了宝贵的时间，因此清晰、明了的标识就显得十分重要。图书馆应当在大厅口及各楼层处设置馆内平面示意图、楼道指南、馆藏分布图和房间功能标识牌，以帮助用户迅速找到所需要的文献资料。馆藏分布图应当细化标识，层层指引，以帮助读者精准地找到文献书籍；房间标识牌需要指示明确，尽可能与图书馆融为一个整体，让读者一目了然，迅速熟悉环境布局。

事实上，标识并不是越多越好，而是越简单越好，这要求馆内设有笔直的过道、布局规划合理，没有弯弯绕绕，指引读者迅速在各区域内通行，甚至无需借助指示路牌就能找准位置。

（二）易读性原则

易读性指的是要求所有的标识无障碍地被用户发现，设计位置恰当。标识的文字大小取决于该标识所提供的信息内容的有效范围和用户的阅读需要，一味求大号字体并不可取。合适的位置放置标识，能起到事半功倍的效果，醒目的位置能帮助用户清晰明了地掌握路线。设计标识还需要考虑用户在进行阅读时的视线高度范围和距离范围。

美国国家标准学会（American National Standards Institute, ANSI）的标识标准对标识易读性有明确的规范，其界定标准是考虑字母高度和阅读距离之间的比值，见表4-3。从整体看，当光线条件良好时，ANSI建议使用每英寸字体视线距离25英尺（约762 cm）的比率来确保标识的可读性。当光线条件不佳时，这个比率下降到每英寸字体视线距离11.9英尺（约363 cm）

表4-3　美国ANSI标识标准对保证易读性的字体大小与视线距离的要求

标识文字大小与字母高度大小/英寸	阅读距离/英尺	
	光线条件良好	光线条件不佳
0.17	4.2	2.0
0.19	4.9	2.3
0.22	5.6	2.6
0.25	6.3	3.0
0.28	6.9	3.3
0.31	7.6	3.6
0.33	8.3	4.0
0.42	10.4	5.0
0.50	12.5	6.0
0.67	16.7	7.9
0.83	20.8	9.9
1.00	25.0	11.9
1.11	27.8	13.2
1.25	31.3	14.9
1.39	34.7	16.5
1.74	43.4	20.7

续表

标识文字大小与字母高度大小/英寸	阅读距离/英尺	
	光线条件良好	光线条件不佳
2.08	52.1	24.8
2.43	60.8	28.9
2.78	69.4	33.1
3.47	86.8	41.3
4.17	104.2	49.6

（注：1英尺≈30.48 cm；1英寸≈2.54 cm）

日本在易读性方面也对文字大小和视线距离提出了标准，其要求视线距离与汉字高度成一定比例，当视线距离为10 m，汉字高度需要为4 m，见表4-4。

表4-4　日本建筑学会文字大小与视线距离关系对照表

视线距离/m	汉字高度/cm	英文字高度/cm
30	12	9
20	8	6
10	4	3
4~5	2	1.5
1~2	0.9	0.7

（三）统一性原则

图书馆标识系统要求整齐统一，设计要求规范协调，应当结合综合功能和美观设计两方面，既方便用户，又保证整体上的视觉效果和体验。在统一性方面，应当考虑标识的形状、尺寸大小、字体等因素，所有的标识要求能够被精准说明，以便变更和增加新的标识。同类型的标识应当在形状、尺寸、色彩、制作工艺和材料方面保持一致性。

图书馆常用的标识，可以设计一个模板，以取代以往的字体乱用、格式混乱的设计，新的口号和信息只需要更改模板中的小部分内容即可，这样的模板保证了风格的协调，布局相对称，促进了图书馆标识的整齐划一、和谐规范。所有的表示模板分成两个部分，一是使用大号字体的醒目信息；另外一部分则是用户愿意读下去的详细内容。标识的底部也可以添加图书馆的社交媒体标签，表示其独有性。

统一性原则包含了图书馆自己的标识，像具有体现象征意义的馆徽和馆训，创新性、独特性的标识展现了图书馆的文化底蕴和精神特质。除此之外，统一的标识还包括了馆员的衣着服饰、胸卡、工作证等，这些都是图书馆形象的展示，统一的衣着、良好的道德情操和知识技能都展现了图书馆的精神风貌和文化内涵，能够很好地提升图书馆的文化品位，吸引更多的读者到来。

（四）美观性原则

标识的设计离不开环境，其要求造型尺寸、文字信息等都能很好地融入环境，在向用户传达信息时做到统一协调。标识的设计要考虑字体、色彩等因素，对于明视性的文字，常以黑体加粗为宜。字体较粗提高了可注意性、可视性，字体居中之外的留白提高了可读性。

对于标识的色彩搭配，需要重视字体与版面颜色的对比效果。研究表明，最佳配比依次是：黄底黑字、白底黑字、黑底黄字、蓝底白字和蓝底黄字。为了方便用户从远处就能观察到，色彩应当注重明亮与色彩度，同时在标识牌上增加一些趣味性。

（五）温馨与趣味性原则

图书馆中随处可见温馨提示标识，温和的语气提示用户文明行为，营造良好的人文环境，使得图书馆更具人情味和亲切感。从细节的地方展现图书馆对用户的人文关怀，彰显其“人性化”，让更多的读者慕名而来。

有趣性指的是图书馆中的标识不生冷，富有趣味性。提示性的标识要求活泼、贴心，辅助之以诙谐幽默的图片，更能使用户接受，舒缓用户的心情。安全警示性的标识是用户安全的保障，提示性的文字应该简洁明了，减少使用命令性的语气而改用温馨的话语。

第四节　照明设计

糟糕的光线会破坏室内设计的整体感受。在空间设计中，光线要求具有功能性作用的同时，富有美学价值，达到科学性和艺术性的统一。一个优秀的光线设计，离不开色温、能源消耗、光能等要素。

一、光源类型

图书馆最常见的照明光源有白炽灯、荧光灯、高强度照明灯和发光二极管。这四种类型的光源的特性各异，表4-5阐述了这类光源的优点和不足。

表4-5　图书馆常用照明光源类型的优点和不足

光源类型	优点	不足
白炽灯（包含石英卤钨灯）	配备光暗调节器，容易调节光暗； 高显示指数，显色能力强； 暖色光，起到欢迎和温暖的作用； 光线集中； 常见，购买方便	在无遮盖或者扩散器的情况下，白炽灯过于明亮无法直视； 能效低
荧光灯（包含冷阴极荧光灯）	常见、购买方便； 能效高； 光强低，可以直视，不易引起眩目； 可提供冷色、暖色多种色温； 使用寿命较长； 灯类型标准，支持绝大多数灯座	调节光暗受限； 显色能力差异较大； 容易产生噪声； 含有水银，进行处理时需注意
高强度照明灯（HID）	效能高； 光线集中，适合向上照明的大型区域	多用于室外； 显色指数一般； 镇流器有噪声； 一旦灯泡爆炸，会掉落热玻璃碎片； 要选择与镇流器适配的灯泡； 关灯之后，需要再次点火的时间； 含有水银

续表

光源类型	优点	不足
发光二极管（LED）	耐用、持久性强； 使用时灯管不会变热； 效能高	缺少白色光； 尺寸较小，需大面积光源时需铺设大量灯泡； 光线直射，需配备灯具来改变光线柔和度

从表4-5可以看出，图书馆更适宜大面积选用荧光灯作为照明光源，对于一些需要集中照明和向上照明的区域，则可以考虑其他的光源类型。

二、照明策略

在图书馆建筑中，主要有以下几类照明方式。

1. 向上照明

向上照明是将灯光射向天花板，照明区域由天花板反射出的光线组成，这样内部空间就较少出现斑状光或眩光。

2. 向下照明

这种照明方式是将光线直接从天花板照射下来，是图书馆最常使用的照明手段。

3. 环境照明

环境照明一般指空间区域内的普通光线，即可以由电气照明系统设计组成，也能将从窗户、遮阳板等处射进来的日光直接作为环境照明的光源。

4. 工作照明

不同于环境照明，工作照明指的是在特定的工作区域附近安装的照明，如休闲区、影视区等，也可以在书架等处设置照明。台灯、落地灯是图书馆常用的工作照明手段。

5. 局部照明

这类照明是光线直射给某一物体表面，起到醒目作用，多用于新书展示、零星书架、标识牌等处。还用于给艺术品、演讲者等进行照明。

6. 室外照明

为了图书馆入口、停车场、阅读广场等室外空间的安全和照明需要，图书馆还应当考虑对室外区域进行环境照明和局部照明的设计。

三、照明设计

图书馆需要配备专业的照明灯具和电气设计，不同的区域和空间都要达到一定的照明度，给用户带来便利，照明条件不好的区域给读者阅读带来了较大的困难，对读者的视力健康也有一定的影响。对照明系统还需要考虑维护问题，对于灯具的选择类型不宜过多、结构不宜过于复杂，以便后续的检查维护。

我国《图书馆建筑设计规范》（JGJ 38-2015）中对图书馆人工照明设计的标准参数进行了规定，详见表4-6。

表4-6　图书馆各类建筑场所照明设计标准值

房间或场所	参考平面及其高度/m	照度标准值/lx	统一眩光值UGR	一般显色指数Ra	照明功率密度（W/m²）
普通阅览室、少年儿童阅览室	0.75 m水平面	300	19	80	9
国家、省级图书馆阅览室	0.75 m水平面	500	19	80	15
特种阅览室	0.75 m水平面	300	19	80	9
珍善本阅览室、舆图阅览室	0.75 m水平面	500	19	80	15
门厅、陈列室、目录厅、出纳厅	0.75 m水平面	300	19	80	9
书库	0.25 m垂直面	50	—	80	—
工作间	0.75 m水平面	300	19	80	9
典藏间、美工室、研究室	0.75 m水平面	300	19	80	9

当代图书馆空间设计的宗旨之一，是实现自然环境与社会环境的融合，打造和谐的生态友好空间。对于生态图书馆的建设，要充分考虑自然光和人造光的使用方式。自然光从窗体投射进来，使得室内拥有一定的照明以供用户阅读的需要；人造光则是为了弥补自然光的不足，借助光效应使得室内空间明亮而不失庄重，打造文化色彩。

第五节　氛围设计

在空间设计的初始阶段，就应当考虑图书馆的氛围设计，馆员和设计师需要对他们想呈现给读者的色调和感官有预先的设想。与图书馆氛围相关的元素有色彩、图案、陈列品等。

一、色彩

对于图书馆设计布局，色彩能够突出建筑物的一部分，同时也能划分空间区域。它可以为读者行进提供引导，增加馆内的温情、生动或庄严的氛围。色彩帮助图书馆打造一个全新的环境，而且成本花费不高。

图书馆的色彩选择十分重要，但多数图书馆在更换新的家具时往往凭借馆员的喜好选择。图书馆的整体色彩能够烘托氛围、活跃空间气氛，这就要求馆员在选择家具时需要具备一定的色彩知识，或者与室内设计师进行沟通协商。

图书馆的色彩主要指墙面、家具等的搭配程度。过于单一或者过分热烈的色彩都不可取，色彩的协调和搭配对读者的阅读和馆员的工作起着重要的作用。

（一）色彩功能

1. 分割功能区域

色彩在图书馆中有功能分区的作用。对于馆内的色彩布置，结合色彩对用户产生的心理因素，采取不同的色彩系统以吸引用户。这就要求色彩搭配总体上要和谐统一、色调讲究淡雅。

不同的区域选择不同的色彩，以色彩划分内部区域，实现图书馆职能的分工。当室内空间狭窄时，后退色能使整个空间看起来更为宽敞，当室内的色彩变化时，空间有紧缩感。图书馆空间的色调讲究简洁、时尚，借助鲜艳、单一的大模块色彩，能够明晰地划分不同的空间区域，为整体带来活力，赋予用户以色彩美感享受。

2. 利用较小空间

在图书馆书架的间隙等小空间里，借助鲜艳的家具和装饰，使空间布置看起来更活泼、灵活高效，使空间得到充分利用。用鲜艳的颜色布置这类小空间能吸引用户的眼球，给读者新鲜的体会。

3. 图书的分类与排架

借助色标系统对图书进行分类和排架，每本书的书脊印有一个彩色编码，不同颜色代表不同的分类，以便馆员精准、迅速地找出放置有误的图书，并进行“归位”。这种色标系统使得图书不再按分类法而是根据书店式的排架方式，以主题进行排架，方便用户借阅书籍。

（二）色彩设计

在进行色彩设计时，图书馆需要注重不同的组合与搭配。

1. 基色调和重点色

基色调指的是图书馆整体空间所展示的基本色调，是图书馆公共空间的主旋律，是馆内空间区域功能和气质的展示，富有强烈的感染力，对图书馆的氛围塑造和意境的创造有着直接作用；重点色以主体色为主，即主体的色调。在进行色彩设计时，需要注重基色调和重点色的协调，同时又要有所差别，突出重点色，使之成为视觉中心，要求两者的搭配主次分明、彼此衬托。

2. 光照、材质

光照和使用的材质都会影响色彩的展现。想要一个愉快且和谐的色调，就需要对图书馆空间内部的环境因素和物体的材质进行综合分析，决定色彩应当用在哪些区域，在什么材料上使用什么样的色彩。一般来说，儿童更倾向于在地面使用大面积的色彩，若想要在天花板布置色彩，就需要考量照明因素。

3. 饱和度

过于饱和的色彩不益于用户的阅读和学习活动，图书馆的色彩设计应当避免使用过于饱和的颜色，而是根据实际情况的需要在小空间区域设计一小部分饱和色彩。

4. 读者的需求和色彩的敏感度

从色彩心理学角度看，蓝色光能促进信息的加工；黄色光不利于特定类型且富于挑战性的认知活动，根据不同空间区域的使用功能应当考虑不一样的颜色设计。比如儿童倾向于色彩鲜艳明亮的事物，这会激发他们的探知欲望，因此在布置儿童区域时，可以考虑具有层次感、色彩感的阅读空间，以激发儿童的求知欲。同时色彩不能一味追求鲜艳明亮，还要保持色调的和谐统一。

设计色彩丰富的儿童阅读空间需要考虑以下几个因素。

①合理应用色彩。鉴于儿童活泼好动的性格，对色彩进行合理设计应用需要以满足儿童的好奇心为切入点，可以在图书馆大门入口等处增添丰富的色彩元素，以激发儿童进入图书馆的兴趣。

②控制色彩对比度和饱和度。当空间以浅色调为主时，可以辅之以绿色、橙色等饱和色作为强色调部分，从而与主色调达成和谐，赋予空间活力。当服务对象为儿童时，色彩设计应使用少色性色彩，以促进儿童的身心健康发展。

③引入暖色调。以往注重安静的图书馆的色彩偏冷，给儿童带来紧张心理，因此可以考虑加入暖色调如灯源、家具选择黄色或者橙色。

材质也会影响图书馆的氛围，图书馆的整体氛围取决于色调的选择。室内空间的材质直接影响图书馆空间的使用效果和经济效益。对空间设计的饰面材料的选择，要考虑区域的功能和读者的心理感受，使用天然的木质材料给用户以亲切、自然的感受；而平滑且坚硬的大理石却会带来冷硬的感觉。

二、图案

图案的设计分为标识背景图和空间装饰图。标识背景图修饰着图书馆的内部环境，是对标识的一种美化；空间装饰图则为读者营造一个虚拟的阅读环境，让用户有身临其境之感，同时也有引导区域位置的作用。

对于图案的设计和选择，应该保持创新风格和意识，根据不同的风格选择不同的装饰图案，强调借助色彩和投影增加空间的动态感。比如在阅览区，多选用平和优雅的图案，而对于共享和创客区域，则以幽默搞怪的风格为主，将图案与实体书架和藏书融合，为图书馆增添新颖感。

三、陈列品

图书馆常见的陈列品有以下几种。

1. 纯观赏性展品

纯观赏性展品仅作为观赏使用，以体现美学价值为主，不具备实用功能，它们有明显的艺术特质或深厚的历史和文化气息，如艺术品和工艺品等。

2. 实用与观赏性为一体的物品

这类物品既具有实际使用价值，也具有美学价值，不但能充分发挥其实用效能，还能充分与室内空间融合，营造积极的空间氛围。如书架、异形沙发等。

3. 因时空改变而丧失功能的物品

这类物品原本发挥着功效，但随着时间的推移慢慢丧失了实用功能，与此同时，它们的美学价值和文化蕴意得以提升，对营造良好的图书馆的文化氛围起到点睛作用。

4. 剥离使用功能，使之具有审美价值的可摆放、观赏的物品

将以实用功能为主的物品重组，剥离其原有的实用功能，提升其美学价值，使其成为观赏性的物品，对这类物品的陈列摆放，能优化图书馆内部空间的环境，突显文化底蕴。如瓷花瓶、书籍展览模型等。

下篇

当代图书馆管理

第五章　我国当代图书馆管理体系

第一节　图书馆的社会职能和管理范畴

一、图书馆的社会职能

（一）图书馆的社会职能的划分

人们将职能定义为人、事物、机构所应有的职责与功能（作用）。于人的职能而言，是指个人完成自身本职工作的能力；于事物的职能而言，指的是事物所具备的功能；于机构的职能而言，指的是其在相关领域内所承担的职权、作用等内容。据此推断，不难得出图书馆的社会职能即其在社会生活中承担的责任和所起到的积极作用。关于图书馆的社会职能，早在20世纪70年代，国际图书馆协会和机构联合会就已作出了总结，具体包含如下四项内容。

1. 保存人类文化遗产

人类社会在演进的过程中，因交流的需要，发明了文字，并借助一定的载体将其保存、记录下来，这便是最早的文献和信息。为了方便日后的使用，先民们将此类资料有目的地进行收集和保存，而这也标志着最初的图书馆正式诞生了。由此可知，图书馆最主要和最古老的一项职能就是搜集、整理、加工、管理这些记载了人类历史文明发展与演化过程的宝贵的文献和信息资源。其涵盖的范围非常广阔，有关于历史的、有关于文学的、有关于军事的，还有关于动植物的，等等。这些是历朝历代各族人民共同的智慧结晶，是我国人民，更是全人类的文化财富，也正是因为有了它们的存在，人类历史文明才得以代代赓续。

近年来，随着互联网技术的成熟与广泛运用，也赋予了图书馆储存人类文化遗产这一职能，创造了发展机会。有了互联网作为载体，此类文献和信息的传播不再困难，无论是全国各地抑或是国外的读者和用户，只要获得图书馆的许可，就都可以随时随地阅览到相关的内容。

2. 开展社会教育

人们赋予了图书馆“知识的殿堂”“没有围墙的大学”等美称。这是对图书馆性质、特点的形象化总结，是有理有据的。他们的缘由有二，一是图书馆内拥有海量的文献和信息资源，它们是人类智慧的集结与体现，可满足人们对于知识的不同渴望；二是大部分图书馆都是公益性的，无偿地向社会大众开放，人们可以自由地翱翔在知识的海洋。

当今社会，人们对于学习有了更强烈的需求，而读书作为获取知识最为经济、直接、便捷的一种方式也备受人们推崇，也正是由此使得图书馆的社会教育功能愈加明显。

第一，当代图书馆几乎都是面向人人的。它综合了各门学科，以培养自我、终身学习为目的。以丰富和提高社会文化生活为宗旨，它为个人创造了一个接受终身教育的营地。

第二，当代图书馆的文献和信息资源包罗万象，可依据人们的个性化需求，定期组织各式各样的主题教育，如图书博览会、旅游文化展览等，有目的、有意识地进行各类知识与技能的宣传教育，从而提高人们的知识修养和自身素养。

第三，当代图书馆可以向社会提供一条提高国民素质的途径。如利用全天候的开放制度、丰富有趣的图书资源等吸引社会大众的目光，引导人们走入图书馆，并鼓励他们读书，从而助长全社会的读书风气，实现对个人的教育，逐步提高全社会的整体素质。

第四，当代图书馆不仅拥有庞大的纸质版文献和信息资源，也有较为丰富的电子数据库，可为读者和用户提供线上、线下等形式的文献和信息服务，使人们的学习变得更为方便、快捷。

第五，校园图书馆的不断扩建与优化，使得校园图书馆成了“学校的第二课堂”，直接承担着培养人才的重任。

3. 传递科学技术情报

图书馆的价值，主要在于充分调动馆内的文献和信息资源，更好地被广大读者和用户所利用。为实现自身的价值，图书馆必须不断将馆内文献和信息资源传递给读者和用户，让他们在与馆藏资源频繁的接触过程中逐渐了解图书并养成主动读书、规律性读书的好习惯。

随着社会的发展、网络的普及，电子化阅读对传统阅读模式产生了强大的冲击，文献资源的电子化、数字化，使得文献信息的传递更加快捷、方便。这也使得当代图书馆传递情报的这一职能日益明显，并保持着旺盛的生命力，其功能仍在不断的完善中。相较于传统图书馆，当代图书馆在传递情报上的职能有以下较为显著的变化。

①传递的内容由文献基本信息向文献原文查阅和传递转变。

②定题服务、科技查新、学科馆员等创新型服务，使图书馆科学技术情报传递变得更为主动。

③馆际互动的方式由过去封闭、烦琐、单一的互借服务向开放式、网络化、深层化服务转变。

4. 开发智力资源

智力资源是指在人类文明发展历程中所创造、积累的物化成果、精神财富和未被发现和认识的潜在信息。图书馆工作中涉及的智力资源内容包括馆藏文献和信息资源、网上相关文献和信息资源。过去，人们将图书馆对文献和信息资源进行加工（使其更方便读者和用户利用）的行为，称作智力资源的开发。现今，科学技术日新月异，为图书馆的快速发展创造了有利条件，使得图书馆开发智力资源的能力有了较大的延伸。具体而言，体现在以下三方面。

①智力资源开发内容范围扩大化。图书馆借助计算机网络，实现了开发内容范围的扩大化，为读者和用户构建了一个丰富多彩、包罗万象的知识海洋，各类天文地理知识应有尽有，让人目不暇接、眼花缭乱，人们可以自由地择取所需的内容。

②智力资源开发的手段和方法更加现代化和多样化。专业数据库和信息库的建立和使用，使得读者和用户无需将文献和信息全部浏览，直接借助搜索引擎就可轻松、快速定位自己所需的内容。

③智力资源服务对象的扩展化。如今，互联网已经覆盖到全国各地，只要读者和用户有需要，通过一定的申请审批流程后，就可成为各个图书馆的

会员，不用走出家门就可享受到图书馆的文献和信息服务，图书馆的读者和用户群体越来越庞大，地域的限制早已被打破。

上述1～4种职能，是图书馆的基本社会职能，各大图书馆在实际的管理活动中一直努力践行着，也取得了不错的成果，获得了人民群众的广泛认可。现今，许多专家学者表明，一些图书馆在丰富人类文化生活上功不可没，这也应当视作它的第五项社会职能。一方面，当今社会发展速度非常快，给人们带来了各种各样的压力，需要及时将之释放、转移，而图书馆正是一个良好的解压场所，它文化氛围良好，可让人不由自主地沉浸在书画之中，从而逐步忘却生活与工作中压力所带来的各种不悦，得到身体与心灵的解脱；另一方面，图书馆作为社会公益性组织理应不断完善自身的职能，带动社会的健康发展，这其中也包括强化自身的文化娱乐功能，如定期或不定期地开展学术会议、图书报告会、书法与绘画艺术展览、音乐会、文艺演出等活动。

（二）图书馆的社会职能的实现

1. 改善办馆条件，创建舒适的阅览环境

图书馆虽然也是一大公共场所，但相较于其他场所它更为特殊，对于文化氛围有着更高的要求。于社会公众而言，安静、整洁、宽敞、明亮且有着优越人文环境的图书馆对他们有着强大的吸引力，鼓舞着他们频繁前往。这就是为什么人们在探访一座新的城市或者大学时，常常想要去看一看其图书馆。一些图书馆甚至成为区域内的标志性建筑，它们不仅拥有精美、独特的外表，也配备了先进、齐全的设备，还有着宁静、祥和的阅览环境，再配以色彩斑斓的书画长廊、精美简练的宣传与导读，都会让读者和用户产生一种平静、良好的心理效应，使其心灵得到净化，对知识的渴求更甚，从而静下心来，沉浸在书本中。

2. 丰富馆内文献和信息资源，建设特色馆藏资源

随着社会的发展，对人才的需求数量和质量都在提高，人们若想在激烈的竞争中谋得一席之地，就必须与时俱进，追求综合素质的稳步提升。而图书馆作为“知识的殿堂”，正是人们寻求知识、增强个人综合素质的最佳场所之一。图书馆是人类文献和信息资源的重要集散地，应充分发挥馆藏资源优势，最大限度地开放教育资源，满足社会成员的学习需求。但图书馆毕竟

能力有限，且时常受到流动资金不足的困扰，因而难以提供能够满足所有人的服务。此时，各图书馆应当根据自身的实际情况及服务对象的特点，有所选择地增加馆藏资源，努力形成自己的馆藏特色。

此外，图书馆还应不断优化自身处理文献和信息资源的能力和水平，对其进行加工、整理和科学地分析、指引，最终形成有秩序、有规律的信息流，使读者和用户使用时更为方便、快捷。

3. 加速信息开发，保证优质服务

图书馆收藏着大量的文献和信息资源，积极地开发、广泛地利用这些文献和信息资源是实现图书馆社会职能的重要保障。近年来，互联网行业异军突起，不断刷新着人们的认知，使得大众对于知识信息的需求内容和方式都产生了巨大变化，即渴望以最省时、省力的方式获取更为丰富的知识信息内容。很明显，图书馆过去的被动式的服务已经无法满足读者和用户当前文献和信息资源的多样化需求。为提升读者和用户的满意度，图书馆必须让服务更加优质，而实现这一目标的关键在于提升馆内服务的信息化，即构建一个多功能、信息化的服务体系，使图书馆与整个社会的经济发展、信息交流融为一体，成为知识物化为生产力的“催化剂”。具体而言，可从以下三方面着手。

①在图书馆内广泛普及计算机技术，扩大自动化技术的应用范围，随时随地满足读者和用户的需求。

②应用多媒体等技术，提供专业性强、形式多样、来源广泛的知识信息，使信息服务超越时空、地域和对象的限制，使图书馆的服务延伸到更为广阔的空间，让图书馆服务的内容更为全面、多彩。

③利用图书馆馆员的专业技术，建设研究型图书馆，满足高层次读者和用户的需求，使图书馆成为引导社会发展、推动社会进步的力量。

4. 成为社会信息咨询服务的中心

咨询服务就是根据读者和用户的需求，进行信息的传递与共享。在新的时代，社会发展的节奏日益加快，为了生活与生存，人们不得不勤奋工作甚至四处奔波，以至于使身心常常处于紧张、疲惫的状态，这个时候正需要关怀。从某种角度而言，图书馆正是公认的社会信息咨询服务中心，它拥有丰富多彩的文献和信息资源，可用专业化的文献和信息服务温暖人的心灵，使人获得知识的慰藉。此外，图书馆自身公益性、公共性等特点，也使其能够承担起社会信息咨询服务中心的职能，且在这一职能日益优化、完善的同时，也加快了图书馆服务模式的转型（从静态转向动态），使图书馆更具发展活力。

5.提高图书馆馆员的综合素质

图书馆工作属于专门化的工作，具备较强的专业性、技术性和创造性，馆内人员的知识水平、道德品行和职业能力等均对图书馆社会职能的发挥有着重要的影响。因此，馆内人员在工作中应当始终保持高度的热情，积极、主动地投入各项工作任务中，力求为读者和用户提供更为专业、优质的服务。与此同时，也应当不断提升自我，努力学习新知识和新技术，如图书情报理论及相关知识、计算机知识及计算机技术等。唯有如此，才能提高个人的适应性，为图书馆的发展贡献出绵薄之力。而图书馆也应当关注馆内人员的发展问题，为其提供学习、培训及继续教育的机会，以便于促进其个人综合素质的提升，使其在工作中更为得心应手，而这也有助于图书馆整体服务质量的改进和提升。

二、图书馆的管理范畴

图书馆的管理范畴是图书馆管理中各种要素、关系的普遍联系和全面发展的不同侧面的反映。图书馆系统内部充满各种矛盾，图书馆的管理范畴就是从不同角度反映图书馆系统中各种要素的既对立又统一的辩证关系，它们是图书馆管理的本质和运动规律的不同表现形式，也是各种管理要素和运动过程之间相互作用的交错点和“结合部”。这些范畴是人们在长期的图书馆管理实践活动中概括而成的，是对管理科学中一般概念的升华，它们仍处于不断上升的过程中，在图书馆管理实践中获得改进、优化，又反作用于各项管理实践活动，给予其科学指引。

（一）管理主体与管理客体

管理主体是指具有一定管理能力、拥有相应的权威和责任、从事现实管理活动的人，即俗称的管理者。

一般来说，图书馆的管理主体主要包括两大类，即核心人物（如馆长、副馆长等）和骨干人物（如各部门部长）。前者主要管理任务是根据图书馆既定目标将目标任务分解为各类管理活动、工作任务，安排负有最终督促完成既定目标责任的人；后者的管理任务是负责各项管理活动的具体执行，如计划、协调、经营等。

从实质上来说，图书馆管理其实是一种多层次的综合活动，管理主体往往是由数个人按一定形式组织起来的整体，这种担负管理主体功能的整体即管理主体系统。在这一系统中，所有人都肩负着各自的管理职责和使命，他们有着不同的地位和职能。通常，它由四个子系统构成，分别是决策系统、执行系统、监督系统和参谋系统。

管理客体是指进入了管理主体活动领域，并能接受管理主体的协调和组织，以人为中心的客观对象系统。

图书馆内的管理客体范围较大，其主要构成如下。

其一，图书馆内所有馆员，他们执行组织分配的工作任务，依照标准化的原则和流程展开各项工作事宜，以期达成预期的工作目标。

其二，图书馆中的其他资源，如信息、物质、金融、关系等资源，它们在管理的作用下经过特定的技术转换过程成为良好的产出物。

其三，当图书馆向外扩展自己的生存空间时，必定要作用于相关的人、财、物、信息或其他组织，而此类要素自然也就归属为图书馆管理的客体，但这一类客体变动性较大。

图书馆的管理主体与管理客体共同构成了一个完整的图书馆运行系统，两者间关系十分紧密，相互依存、相互促进。而以上两者间之所以能够产生这一联系和作用，是由管理组织促成的。管理组织是图书馆系统的现实表现形式。它不仅可以促成管理的主体与客体之间的相互联系，还可以推动二者间的相互转化，即在管理活动中各依一定的条件，使自己的地位向其对立面转化。一般来说，这一转化有三种表现形式：①地位的转化，因图书馆职权层次的变化而引发；②角色的转化，因图书馆行为的变化而引发；③自身的转化，因组织成员自我意识的变化而引发。

（二）硬件与软件

一般认为，图书馆管理的构成要素有二，一是管理的物质性载体，具有一定的感性存在形式，被称作“硬件”；二是使物质性载体能够按一定方式组合起来并产生现实活动的精神性要素，它一般不具有固定的感性存在形式，被称作“软件”。这两者既对立又统一，共同作用于图书馆的各项管理活动中，确保图书馆的正常运转。

若仅从硬件和软件的概念来对图书馆管理进行划分，显得过于笼统，只有把两者同时放在图书馆管理中进行比较，才具有较为确定的意义。两者的具体对比见表5-1。

表5-1　图书馆管理中的软件和硬件

分类	图书馆系统	组织结构	组织形式	管理技术	管理模式
硬件	馆舍、文献信息、技术设备等	人	正式组织	具有比较固定程式的数学分析方法和计算机技术方法	运用数学和逻辑方法及各种严格的制度和标准化原理来进行管理
软件	人的精神	人的行为规范、价值观念、道德品行、信仰与追求	非正式组织	具有创造性、没有固定程式的其他管理技术	激励人的思想情感及各种非理性要素，运用非逻辑的创造性方法进行管理

从表5-1中所述内容不难看出，图书馆管理的硬件与软件是休戚相关的，两者互为表里、共同促进。在图书馆运行过程中，完整的组织构架、明确的职务划分、完善的规章制度等硬性条件，构成了整个管理系统的框架，这些内容在这个框架内明确了权力与责任，让各种约束条件或者工作分配有章可依、有据可循，也明确了怎样以物质手段来推进工作的落实，是整个图书馆管理的硬件，没有这个硬件组成的框架，图书馆软件就没有存在的基础，其余进一步的目标与追求都只能是空中楼阁。而有了硬件的图书馆，并不意味着它就可以高效、健康地运转，若没有与之相适应的配套软件，它就如同失去了灵魂，显得了无生机。管理的核心要素是人，软件的核心自然也是以人为本，让在系统中工作的人，形成共同的目标愿景，保持良性的互动互助，使得整个硬件系统产生灵魂，这就是软件系统的存在意义。硬件与软件既相互支持——没有硬件的软件是空中楼阁，没有软件的硬件则如一潭死水；也相互促进——硬件系统为软件系统明确了方向和运行逻辑，软件系统的发展则可以不断反馈，并以此促进硬件系统的进一步完善。

在图书馆管理中，硬件与软件不仅互为依存、相互促进，在一定的条件下还能够实现双向转化。它们之间的转化，主要有两种形式，即硬件的软化和软件的硬化，而这一过程通常是随着图书馆管理活动的开展逐步演变的。

（三）利益与责任

利益是由人的欲望和需求所驱使的，而不同的人有不同的欲望和需求，这也就导致了利益的多样化。

责任属于一项职责和任务，是在一定环境下必须且应当做的事情。在有了人类社会之后，责任也随之诞生，可以说责任与社会是同步生长的。人们对自身所需或应当做的事情的自觉意识和行为即责任感，有无责任感是衡量一个人精神素质的重要标识。通常，责任感可以激发、培养，也可进行控制。

在图书馆管理中，其利益与责任往往是互为矛盾的。

首先，利益与责任在方向上是相互分离的，还时常出现互斥现象。利益所反映的是图书馆中大大小小的需求，或整体或部门或小团体或个人的，由外向内具有收敛性；而责任则要求整个图书馆及其中的各部门、各小团体和所有的个体，充分发挥自身的价值，为图书馆付出时间、精力等，是由内向外发出的影响，具有发散性。

其次，二者相互包含，凸显出双方的一致性。无论是何种利益，其间都含有一定的责任成分，没有责任的利益也就谈不上去满足，且在现实中它并不存在；而无论是哪种责任，其间也势必包含着一些利益，没有利益的责任，也就失去了履行的动机。图书馆虽不以营利为目的，但在文献和信息资源上有着得天独厚的优势，在完成自身基础公益性服务的同时，可充分利用这一优势，开展一些有偿的高端知识信息服务，如专题资料搜集与整理、专业化的培训等，从这些活动中都可以获取一定的利益。因而图书馆应当鼓励、引导馆内人员以正当合理的手段和途径寻求图书馆利益的多样化和最大化，激励他们认真工作、大胆创新。

最后，利益与责任能够相互转化。利益在实现的过程中必然转化为责任，不好好履行责任，自然难以获取利益；而责任在履行的过程中也必然转化为利益，将该做的事情做好之后理应得到精神或物质上的满足。因而在日常的管理活动中，图书馆管理者应协调好利益与责任的关系。一方面，将利益的获得融入馆内人员履行各自职责的过程之中；另一方面，把履行职责的结果与图书馆的利益获取相挂钩。

（四）集权与分权

集权与分权体现了管理职权在管理空间中的分布状态和运动方向。

集权指管理活动中权力自下往上的逐步聚合过程。从管理职权在管理空间中分布的状态而言，集权意味高层领导手握重权（如决策权、财政权等），尤其是站在金字塔尖的最高领导者，而其他低层级的管理人员只有较少的权力，且在行使时还受到了上层的监督与约束。从管理职权在管理空间中运动的方向来说，集权意味着下级某些权力被削弱甚至剥夺，而这部分权力都被集中到较高层次或专门的机构。显而易见，此种集权化的运动方向是从下至上逐步收敛的。

图书馆若要将管理权力集中，形成集权的状态，可通过以下两种方式实现。一是明确下层或某部门的管理权限，制定详细、严格的权限使用规范；二是直接撤销下层或某部门的某些权限。

分权指的是在管理活动中将权力分散，权力从上层转移至下层。从管理职权在管理空间中分布的状态来说，高层领导仅保留重大事项的决策权及部分与组织长远规划相关的控制权，其他权力则赋予下层管理者。从管理职权在管理空间中运动的方向来说，分权也就意味着下层管理者在管理实践中有了更大的自由度，可独立自主地行使一些基本权利，上级将大部分权力下放给下层管理人员。由此可见，这种分权化的运动方向是自上而下逐步发散的。

在图书馆管理中，集权与分权是辩证统一的。首先，集权与分权各有利弊，因此必须互相补充。图书馆在管理实践中，应着重控制权力集中与分散的程度，不可高度集中，以免让图书馆成为某些人的“一言堂”，造成权力的滥用，影响图书馆的正常运转；也不可过于分散，避免因多头领导而引起组织的紊乱，且易失去对下属的控制权。其次，集权与分权在一定条件下互相转化。具体而言，有两种转化形式：①被动式的转化，在过度集权或过度分权的管理阻碍了图书馆各项业务工作发展的情况下，由过度集权向分权或由过度分权向集权转化；②主动式的转化，即在问题出现之前就注意调整集权和分权的关系，在动态中把握二者变化的度，及时消除偶尔出现的过度集权或过度分权现象。

（五）稳定与改革

稳定与改革是图书馆系统在其发展的历史过程中两种不同的状态和趋势。稳定是指图书馆系统在其发展过程中总体的状态和趋势保持不变，即处于相对静止的状况；改革是指图书馆系统在其发展过程中总体的状态和趋势发生重大变化，即处于显著变动的状况。

图书馆管理的一切要素、一切过程都具有稳定性，否则，管理活动就无法正常进行，也无法对管理要素和过程进行研究。但是，图书馆管理的相对静止和相对稳定状态并非一成不变的。首先，某些管理要素的稳定状态，只是相对于一定的管理系统和时间、地点而言。在某一特定的图书馆系统中，上级与下级之间的地位和职能范围是较为稳定的，但一旦这一系统被打破或进入其他领域，情况将随之变动，甚至截然不同。其次，稳定包含管理活动中的量变。当图书馆管理过程中的某一阶段、某一种管理模式或管理体制仍然保持着原有的性质未发生实质性的改变时（质变），此时也将其视作稳定状态。但与此同时，它们在性质不变的情况下还发生着其他变化，只不过这类变化的程度较小，未影响到管理模式的实质，因而常常将之忽略。

改革一般可以引起组织的质变，图书馆管理的成功改革，意味着它已突破原有的管理观念、管理体制等的束缚，形成了新的管理模式，并在管理的水平和质量上实现了飞跃。图书馆的改革，往往是由其内部矛盾所引发，是对自我的肯定与否定，即将过去管理模式中的落后、消极的部分去除，改进、优化其中的优良部分，以此形成新的且更具竞争力、更高效的图书馆管理模式，而这也体现了图书馆管理的阶段性和连续性。

在图书馆的管理实践中，稳定与改革是辩证统一的。首先，稳定与改革相互包含、相互渗透。在图书馆管理模式产生质变之前，一切管理活动似乎都处于稳定状态，但其实并非如此，就局部而言，改革是时有发生的。纵观人类社会历史进程可知，几乎所有的图书馆管理都曾发生过改革，否则图书馆不会在历经数千年的洗礼之后，依旧屹立不倒。改革是动态管理的基本特征，而一切有效的管理本质上都是动态管理。可见，稳定中存有改革的因素。另外，改革中也有稳定的因素。改革不是一蹴而就的，需要长期、稳定地推进，且需有相对周密的计划和合理的实施步骤，改革中推行的政策、管理方法等需要一定的稳定性，以便观察、评价和控制，否则难以保证改革的成效。其次，稳定与改革具有相互转化的趋势。在一定时期内，管理模式的静止、管理过程的微小变化使得图书馆整个运行系统处于相对稳定状态，一切活动好像都在有条不紊地进行着。然而，事实并非如此，在这一稳定背后积蓄着大量的矛盾。当它们上升到一定程度使旧的管理体制弊端凸显，并严重妨碍到图书馆工作事务的正常开展时，改革也就势在必行了。改革开始之后，新的管理体制逐渐形成，且其成效日益显著，此时就应当着重维持它的稳定，以不断强化改革的成果。简而言之，"稳定—改革—稳定"是管理体制发展的实际过程，这一过程的不断推移意味着图书馆管理在持续的上升中。

综上所述，不难看出图书馆的管理范畴是图书馆管理中个人与组织、组织与环境这两个基本问题的具体展开。作为矛盾统一体的每一对范畴在现实的图书馆管理中并不是孤立存在的，而是紧密相连并和图书馆管理的运动规律相互结合的，共同推动图书馆的良性、健康发展。

第二节　影响当代图书馆管理的思想与理论

一、管理思想、管理理论的产生与发展

管理既是一种实践，也是一门艺术，是推动人类社会发展与进步的重要力量。在组织中，管理可将整个组织系统内的资源有效整合、综合利用以保证组织目标的达成。而管理思想和管理理论则是人们在长期的管理实践活动中逐步总结而成的，经历了漫长的发展过程之后，它们逐渐形成了独立的学科，其触角也逐步延伸到社会生活的方方面面，管理早已成为人们生产与生活中的普遍行为。

人类文明从诞生之初就伴随着人类的管理行为。对于管理实践所产生的管理思想和管理理论，由于中西方文化的基础不同，产生了很大的差异。但中西方的管理思想都是人类文明的成果，其合理的内涵都对人类社会的管理发展起着积极的作用。

（一）中国古代管理思想

中国是一个有着悠久历史的文明古国，孕育出了光辉灿烂的思想和文化成果，这其中也包含着丰富多彩的管理思想。而在众多的古代管理思想中，又以儒家、道家、法家和兵家等流派最为杰出，其管理思想在治理国家、巩固政权、发展经济、保障民生、稳定民心等方面发挥着重要的指导作用。

儒家管理思想：儒文化是我国传统文化中的中流砥柱，其管理思想主张以人为主，强调“中庸”“人和”。

道家管理思想：内涵为“道”，“道”是天地万物变化的普遍规律，强调“无为而治”。道家管理思想既强调宏观调控，又注重微观权术，适用于大多数管理过程。

法家管理思想：以“法治”为核心，将“法”作为一切行为的准则，用“法”来捍卫上层的权力。

兵家管理思想：充满了辩证法的思想，包含战略思想、权变管理思想等，现今很多企业都将之奉为管理的圭臬。

上述几种流派的管理思想是我国传统文化中的瑰宝，虽然形成于数千年前，但时至今日依旧具有现实意义，仍值得广大的企业借鉴和推广，从中汲取养分，不断改进、优化自身的管理水平和质量。

（二）西方古典管理理论

18世纪中后期，随着英国工人发明的珍妮纺纱机的成功问世，拉开了西方工业革命的序幕。这一时期工业行业蓬勃发展，使得社会生产力得到大幅度的提高，而这也催生了管理方面的创新，涌现出一大批有价值的管理理论，它们从萌芽阶段逐步发展成古典管理理论。其中最为典型的理论有如下三种。

1. 科学管理理论

科学管理理论讲述了应用科学方法确定从事一项工作的“最佳方法”，其提出者是美国素有“科学管理之父”美称的F·W·泰勒。该理论的主要内容如下。

①研究工作中的时间和动作规律，并以此规范组织内成员的工作活动和工作定额，确保良好的工作效率。

②重视对员工的挑选和培训，选择适合组织发展的员工，并为他们提供

专业化的培训和学习机会，使人与岗位相配。

③实行标准化管理，以提高劳动生产率。

④明确工作和责任，实行分工管理，以提高管理效率。

⑤实现劳资双方的思想革命，即组织内部保持有效的沟通，形成互惠互利且稳定的合作关系，共同促进组织目标的达成，并均可以从组织的发展中受益。

2. 组织管理理论

组织管理理论初现于20世纪前后，是研究管理组织的结构、职能和原则的理论，其奠基人为法国“管理理论之父”亨利·法约尔，主要代表有韦伯、厄威克等。法约尔有着丰富的企业管理经验，且长期居于管理高位。因而，他对企业管理，尤其是企业组织理论颇有研究，且取得了丰硕的成果。他的理论思想的核心内容包括以下三方面。

①确定企业活动的类别，指出企业的六种基本活动，即技术活动、商业活动、财务活动、安全活动、会计活动、管理活动。

②明确管理的五大职能，即计划、组织、指挥、协调和控制职能。

③总结了管理的14项一般管理原则，即劳动分工、权利与责任、纪律、统一指挥、统一领导、个人利益服从集体利益、人员报酬、集权、等级制度、秩序、公平、人员稳定、首创精神、团队精神。

3. 行政组织理论

行政组织理论由德国著名哲学家、社会学家马克斯·韦伯提出。《社会组织和经济组织理论》一书是韦伯的代表作，在这一书中他明确而系统地阐述了行政组织理论，他认为行政组织是组织最为理想的形式，而形成这一形式可从以下几方面着手。

①分工明确，指的是按照岗位及工作事务的特点进行明确分工。

②权威等级，即上级对下级有着较大的约束力。

③正式的甄选，强调组织内所有人员的任用都应经过严格的程序，包括正式考核、专业化的岗前培训等。

④规章制度，即管理者必须严格遵守组织的规章、纪律及办事程序，服从制度规定。

⑤管理者与所有者分离。

西方国家这些典型的管理理论具有一定的价值和功效，推动了西方管理活动的发展，但值得注意的是，它也存在一些明显的缺陷。如泰勒的理论忽视了人的能动性，不利于员工潜能和价值的挖掘，再者，他所推崇的标准化管理，其中的条条框框太过严苛，且停留在制度层面，并未解决实际上的经营问题；又如法约尔的理论，有些原则过于僵化，缺乏灵活性，因此常常与实际管理不相符。

（三）西方现代管理理论

西方现代管理理论的演变经历了三个发展阶段，具体如下。

1. 第一阶段：行为科学理论

此阶段，最具代表性的理论当属美国行为科学家梅奥所创的人际关系理论。这一理论有效地摆脱了泰勒的理论缺陷，引导人们用新的视角去思考管理，更新了管理者对于行为过程、人力资源的认知，使员工的价值得到重视，管理工作的重心也逐步转移至具体的管理实践上。但个人行为过于复杂，加大了行为分析的难度，使得这一理论难以与管理实践有机结合，这也就导致它的运用较为局限。

2. 第二阶段：管理科学理论

从某种角度而言，管理科学理论是对泰勒理论的进一步发展，在其基础上融入了新的元素。这一阶段，较为典型的理论有数理理论、运筹管理等。管理科学理论主要论及如何制定并运用数学模型和程序进行管理，也就是运用数学符号和公式进行计划决策并解决管理中的问题。这种理论的优势是运用复杂的管理科学技术计划、决策、组织、领导和控制，使数学模型和程序求得的决策成为解决问题的最佳方案，运用最新的信息情报系统，促进管理效率，同时也有利于了解管理职能环境的复杂性。管理科学理论的局限性是不能很好地解释和预见组织内部成员的行为的，并且由于数学模型太复杂，其技能可能影响其功能的发挥；模型有时可能不切合实际，无法真正实现。

3. 第三阶段：现代管理理论

美国著名管理学家哈罗德·孔茨以第二次世界大战为界限，将战后的诸多管理理论统括为现代管理理论。此类理论，互为补充、协同发展，它们立足于自身的特点，从不同的视角来剖析现代管理中的有关问题，虽然在内容和形式上存在着些许差异，但最后却是殊途同归的。以下是其中最具代表性的理论和思想。

①决策理论：代表人物为赫伯特·西蒙，他认为管理是以决策为特征的，管理的本质就是决策。

②权变理论：这一理论认为现实中并不存在固定或一成不变的标准管理模式，管理者应根据实际环境的变化，选择合适的管理模式和方法。

③经验主义管理理论：强调管理者充分利用自身的经验，探寻管理活动的共性及其中的普遍规律，并逐步将之系统化、理论化，以便更好地运用到管理实践中，成为管理者强有力的管理工具。

（四）现代管理理论的新思潮

管理理论自18世纪中后期萌芽发展至今，已有百余年的历史，积淀了厚实的理论基础。而到了新时代，高度发达的经济环境又为其创造了大量的实践机会，催生出各种各样新的管理思想，它们互相交流、渗透，甚至融合。也正是如此，使得管理又有了向全面管理、综合管理发展的趋势，这些新思想为管理理论注入了新鲜的力量。

1. “学习型组织”理论

这一理论认为，组织唯有保持学习上的主动性，才能更好地应对多变的环境。企业可在内部营造一个良好的学习氛围，让学习成为企业的风尚，以此充分发挥员工的创造性思维能力，从而逐步形成一种高度柔性的、符合人性的、能持续发展的组织，而这就是所谓的“学习型组织”。

2. “组织文化”理论

这一理论提出了“组织文化”的本质概念，认为它是一个特定组织在处理外部适应和内部融合问题中所学习到的，由组织自身所发明创造并且发展起来的一些基本假定类型，具备一定的积极影响力，且其成效得到了验证，因而被组织内成员广泛认可。

3. “企业再造”理论

该理论提出了有关企业经营管理的理论和方法，其最为突出的特点是强调组织流程必须采取激烈的手段，彻底改变工作方法，摆脱以往陈旧的流程框架。

4. “竞争战略”理论

该理论的提出者是有着“竞争战略之父”美称的迈克尔·波特，也正是这一理论掀起了人们对于竞争力相关问题的讨论热潮。迈克尔·波特表明，无论是何种行业其管理活动无外乎都是围绕着“三大基本战略”所展开的，它们是成本领先战略、差异化战略和集中化战略，而这三者的目标是共同的即确立企业在竞争中的优势。

5.“虚拟组织”理论

该理论认为，企业可以通过建立虚拟组织、动态协作团队和知识联盟来创造财富。虚拟组织指的是将本组织的内部成员，以及与本组织有所关联的其他利益相关体，如供货方、客户、潜在客户等视作一个共同体，将之有机地连接起来，重视他们的想法和建议，更好地发挥内部与外部资源的优势。企业发展成“虚拟组织”的关键是，充分挖掘并利用组织内成员的知识和才干。

6.“管理创新”理论

这一理论涵盖了企业形象设计、信息管理、工艺创新及企业知识管理。随着社会的发展，传统的生产力要素逐步被智力生产要素取代，社会竞争也逐渐转为高技术的竞争，而“管理创新”理论也正是由此开始萌芽。品牌战略、无形资产等均有着无限的潜能，极有可能成为企业未来获胜的法宝，而信息资源的占有份额也有利于企业形成自身的独特竞争优势。因此，企业理应根据市场需求调整自己的战略目标。

二、管理理论对当代图书馆管理的影响

当代图书馆管理的开展基础主要有二：一是管理学，二是图书馆学。因而，在当代图书馆的各项管理活动中，各管理者应立足于图书馆学的专业基础之上，充分借鉴、吸收管理学理论的最新成果，以丰富当代图书馆管理理论，给予当代图书馆管理实践更为科学、合理的指导。经过大量的实践表明，中西方管理理论中一些优秀的管理思想和理论，均对当代图书馆管理有着不同程度的影响，而在我国图书馆管理中运用最广泛、最有成效的当属如下几种。

（一）“管理创新”理论与当代图书馆管理

江泽民同志在中国共产党第十六次全国代表大会上指出：“创新是一个

民族进步的灵魂，是一个国家兴旺发达的不竭动力，也是一个政党永葆生机的源泉”。而这也同样适用于当代图书馆的管理，创新将是管理领域长期不变的主题。创新是指以新思维、新发明和新描述为特征的一种概念化过程。一般而言，创新体现在如下几方面：①提出一种新的经营思路并加以有效实施；②创设一个新组织机构并使之有效地运转；③提出一个新的管理方式、方法；④设计一种新的管理模式；⑤进行一项制度创新。

时代发展到今天，已进入以智能取胜的阶段，新的技术、新的知识、新的信息层出不穷，谁能够在知识和信息的生产、分配和使用上占据优势，谁就能够脱颖而出，并在激烈的市场竞争中站稳脚跟。过去，图书馆的管理常以严苛的规章制度来规范人的工作行为，以减少其工作失误，保证基本的工作效率，这种管理方式使员工始终处于受控状态，可以按部就班地工作，但却一定程度地抑制了其创造热情。而管理上的创新能使图书馆打破常规，改革管理工作流程，大大提高管理效率；能使图书馆以敏锐的观察力，密切关注未来变化的新趋势、新动向、新问题，从而能以超前的意识果敢决策，适应未来发展的要求。此外，当代图书馆的管理创新，还体现在对内部成员创新精神的塑造与发扬上，让创新成为引领图书馆新发展的动力和方向；也包括引入新的思想、理念和技术，以此构建一套全新的管理运行机制，确保图书馆管理和服务的质量得到稳步提升。

（二）“组织文化”理论与当代图书馆管理

管理从他律到自律，起主导作用的是一种文化认同，文化力量对组织潜移默化的影响是至关重要的，被有些人推崇为现代管理的最高境界。文化可以从根本上影响图书馆管理的出发点和方向。

一般来说，人们对于图书馆文化这一概念有两种解说。一种是广义的，泛指基于图书馆及图书馆事业的文化内涵与文化现象之和；另一种是狭义的，指在图书馆核心价值体系基础上形成的具有延续性的、共同的认知系统。后者具体表现为馆内成员所具有的群体意识，它能够将馆内所有成员聚集起来，且使之形成共识，构建起心理契约。由此可知，组织文化非常重要，当代图书馆在运行中应积极对待组织文化的创设工作。建设积极向上的图书馆文化，有利于树立图书馆良好的社会形象，争取更多来自外部环境的有力支持；有利于引导图书馆馆员形成正确的职业观，将自身行为与图书馆的整体目标协调起来；有利于确定图书馆的办馆宗旨、服务方针、发展方向，并渗透到图书馆活动的方方面面。

（三）“人本原理”理论与当代图书馆管理

纵观古今中外的发展史，可知“人本原理”的价值早已显现，如中国古代的儒家思想体系、古希腊的雅典民主政治到现代管理理论思想等，其中均有“以人为本”管理思想的体现。过去很长一段时间，绝大多数手握大权的管理者一直奉行“绝对服从”的强制性管理模式，埋没了人的价值。直到20世纪中后期，这一情形才逐渐被打破，管理中的人的价值被重新审视，而“以人为本”的管理理念也被正式提出。而今，“人本原理”成了全球最受欢迎的管理方法之一，被广泛应用于现代企业，是现代管理学中的重要理论。它强调的是以人的全面发展为准则，实施以人为中心的管理，其核心思想是尊重关爱人、理解信任人、完善发展人。

“人本原理”体现在当代图书馆的管理方式中，表现在针对不同员工各自的优缺点，通过合理的、有计划的工作分配及激励方式，扬长避短，充分发挥员工的长处，并最大限度地激发他们潜在的能力，以此来服务图书馆内外的相关受益者，也使得员工在工作中获得更大的收获，实现图书馆与员工在目标上的双赢结果。

（四）“学习型组织”理论与当代图书馆管理

“学习型组织”理论是兴起于20世纪中后期的一大管理理论，它属于后起新秀，但在全国管理领域内掀起了一股独属于自己的狂潮，获得众多企业的青睐，并被广泛运用，它成为21世纪甚至更长远时代的管理发展的主题。“学习型组织”理论的奠基人是美国著名管理学家彼得·圣吉，在其代表作《第五项修炼——学习型组织的艺术与实务》一书中，他提供了一套使传统企业转变成学习型企业的方法（修炼），使企业通过学习提升整体运作“群体智力”和持续的创新能力，成为不断创造未来的组织，从而使企业能够永葆生机与活力，在激烈的竞争中屹立不倒。具体而言，这五项修炼包括：自我超越、改善心智模式、建立共同愿景、团队学习、系统思考。这五项修炼，适用的范围非常广泛，不仅在企业管理的运用中收获了优异成果，在政府管理、学校管理、家庭管理等其他领域的管理中均取得了不错的成果。

“学习型组织”理论同样适用于当代图书馆管理，很多图书馆都在自身的管理体系中引入了这一理论，且都得到了不同程度的发展。在众多图书馆中又以美国亚利桑那大学图书馆最为典型，该图书馆管理系统以此理论为基础形成了一种独具特色的“学习型图书馆”。“学习型组织”理论在当代图书馆管理中的优势，是依靠五项修炼所逐步达成的，具体如下。

“自我超越”：引导馆内成员悦纳自我，加强对自身的了解，在工作中不断地给自己树立新的奋斗目标，并全心全意地为之努力。

“改善心智模式”：很多时候，人们常被自身的思维定式所局限，也正是因此难以获得较大的发展和进步，为了克服这一缺陷，图书馆必须注重改善馆内成员的心智，引导他们以新的视角、新的方法去看待问题，形成较为完善的思维模式，以便于更好地应对外部的变化。

“建立共同愿景”：把图书馆建设成一个生命共同体，引导馆内成员形成共同的价值观及相同的组织发展愿望，使他们能够更加积极主动地参与到各项工作中。

“团队学习”：引导馆内成员以团队的形式进行学习，让他们在团队中享受到资源与信息共享的益处及乐趣，借助团队协作加强内部的有效沟通，凝聚集体的智慧以解决个人难以解决的某些工作难题，从而提高图书馆的整体工作效率。

“系统思考”：培养馆内成员系统思考的意识，引导他们逐步形成“系统思考”的习惯，学会全方位、多层次、多角度对待工作任务，以时刻保持清醒的意识，高效地解决工作中的难题，不断提高服务的质量和水平，推动图书馆的创新发展。

总而言之，当代图书馆将“学习型组织”理论引入自身的管理体系中是一个明智之举，有助于将人的主观能动性发挥到极致，使其潜能和优势充分被激发，并引导其养成互帮互助、协同合作的良好意识，让馆内的资源与信息的流动更为顺畅，营造一种积极学习、和睦友好的工作环境，推动图书馆的创新发展。此外，它的运用，对于实现图书馆的知识管理，以及适应科学技术、信息发展等方面均有积极意义。

第三节　我国当代图书馆管理建设

一、我国当代图书馆管理概念的内涵

国内外研究领域的专家学者对于图书馆的管理概念提出了不同的看法。一般认为，概念是组成判断的基本要素，而推理和论证又是由判断组成的，因而可以将概念视作思维形式最基本的单位。概念所反映出的事物本质属性（或特有属性）的思维形式，是人们在长期的实践中，由感性认识上升到理性认识而形成的。通常，概念具有内涵与外延之分。概念的内涵主要是对所反映事物本质特征的说明，它反映概念质的方面；而概念的外延主要是对所反映事物包含哪些对象的说明，它反映概念量的方面（适用范围）。由上可知，在进行基础理论的研究时应当先了解事物的概念，它是开展后续各项研究活动的基础，是必不可少的。也正是因为概念的重要性，国内研究领域涌现出许多关于图书馆管理概念的观点，以下是我国专家学者提出的一些较具代表性的概念。

①图书馆管理就是通过计划、组织、指挥、协调和控制等活动，最合理地使用图书馆系统的人力、财力、物质资源，使之发挥最大作用，以达到图书馆预期目标，完成图书馆任务的过程。

②所谓图书馆管理，就是遵循图书馆工作的规律，依据管理工作的内容与程序，在图书馆系统最优化的条件下，充分利用其资源，以有效地实现其社会职能的一系列有组织的活动。

③应用现代科学的理论与方法，遵照图书馆工作和图书馆事业的固有规律，合理地组织和最大限度地发挥图书馆的人力、物力、财力等各种资源的作用，以便达到预定目标的决策过程。这就是图书馆的科学管理。

④图书馆管理是指应用现代管理学的原理和方法，合理组织图书馆活动，有效地利用图书馆人力资源和物质资源，发挥其最佳效率，达到其预定目标的过程，并在此过程中不断地审查改进，最终圆满完成任务。

对上述有关图书馆管理概念的论述做进一步分析后，不难看出他们的看法之所以不同是由其出发点及角度上的差异造成的。但依据管理理论来看，上述概念并非矛盾或相斥的，反而有许多相似之处，只是因为没有把握好管理理论同管理方法、技术、手段的界限，导致出现了偏差。鉴于此，应当重新审视图书馆管理概念的内涵。

譬如图书馆管理是管理理论在图书馆领域的具体表现，如图书馆管理中重视人力的作用，是管理理论中“人本原理”理论的运用。使人力、财力、物力等资源在管理活动的影响下发挥其最大作用，是“系统原理”理论的充分体现。在实际图书馆管理中，要使管理理论同管理的方法、技术、手段有机地联系起来，应在管理理论的指导下，针对图书馆管理中出现的新情况、新问题采取相应的管理方法、技术和手段。

综合以上内容，可以将我国当代图书馆管理概念的内涵概括为：图书馆在正常运转过程中为了实现本单位的工作目标，完成本单位的工作任务，而对其系统内的各种资源进行利用的活动。

二、我国当代图书馆管理的特点

图书馆管理是社会生活中一种较为特别的实践活动，是人们对文献信息资源的搜集、整理、储藏、利用过程中逐步形成的管理活动。图书馆管理作为一种管理活动，既包含了一般社会实践活动的共性特点（如客观性、社会历史性等），还具有以下个性特点。

（一）综合性

一般认为，管理是以组织中各成员的行为举止为研究对象，从中总结出规律特点，并通过合理的组织和配置人、财、物等因素，营造一个积极、和谐的工作环境，充分调动员工的工作热情，最大限度地挖掘其潜能和创造性，以保证组织的正常运行，最终达到创收增效的目的。图书馆的主要服务对象是读者和用户，图书馆的所有工作都是围绕着读者和用户所展开的，为确保各项服务工作的有序、高效运转，图书馆的管理者应充分利用各项资源，协调好人、财、物的关系。由此足以表明，图书馆管理是以管理和服务为中心的，是多种活动综合的结果。

（二）理论性

图书馆管理是人们在长期与文献和信息服务有关的实践活动中总结而成的，与管理学、情报学、心理学、社会行为学、计算机等学科领域有着千丝万缕的关系。图书馆管理集结了各个学科的优势特点，并将各项理论广泛地运用于图书馆基础事务的管理中，同时在各项服务活动中又不断将之升华，使图书馆的理论基础日益深厚。

（三）科学性

图书馆管理的科学性是毋庸置疑的，从图书馆这一组织机构历经数千年的发展，直至今日依旧保持着旺盛的生命力就足以证明。早在图书馆诞生之时，人们就已学会利用一些简单、方便的方法搜集、整理、保存、查找文献和信息。随着科学技术的发展，为图书馆的管理提供了更多的机遇和挑战，图书馆充分利用网络信息资源不断提升自己的管理水平，在结合图书馆发展实际的基础上，探寻出一些卓有成效的管理和利用文献和信息资源的新方法，这些方法逐渐形成了图书馆管理工作的规定，其中一部分甚至被列为图书馆管理的统一标准。

（四）组织性

近年来，党和政府十分重视我国公益性事业的发展，为此投入了大量的财力、物力等资源，再加上人们对知识渴求度的日益强烈，使得国内图书馆的数量及规模都呈现出上涨的态势，可以说图书馆的发展已渐趋规模化。与此同时，图书馆管理的难度和复杂度也相应增大，管理活动中涉及的资源也越来越多，人、财、物、文献和信息等资源相互交织，共同作用于图书馆管理活动。而此类资源对各项管理活动究竟产生的是积极作用还是消极作用，以及作用力的大小，还在于图书馆管理的水平及效果，因而图书馆在管理过程中应加强组织性，实行严格的、规范化的管理。

（五）动态性

万事万物总是处于不断的变化中，图书馆管理要想获取最佳的管理效果就必须加强自身的动态性，即在实践中持续改进、优化、完善管理的内容和形式，以便于适应社会及读者和用户不断变化的多样化需求。图书馆管理的动态性，也是图书馆加强自身竞争力的一种有效途径，随时随地寻求主动变化的组织，往往抗风险能力较强，能够最大限度地发挥内部资源的优势，利用好外部的机会，从而逐步提升自身的管理服务水平，创造出更好的社会效益。

（六）协调性

图书馆管理涉及图书馆中大大小小的事务，因而在管理过程中难免会遇到一些矛盾和冲突，管理者能否有效解决它们，直接关系到图书馆的发展与进步。为了确保图书馆中各项事务能够有条不紊地开展，图书馆管理部门应协调好与之相关的人际关系、利益关系，降低消极因素对事务的制约作用，使内部更为和谐、稳定，聚集力量谋发展，使图书馆有限的人力资源、文献和信息资源发挥出最大的效用。

三、我国当代图书馆管理的环境

（一）宏观环境

宏观环境也可称作一般环境，是指以非直接的方式对图书馆管理活动产生影响的各项因素。此类因素对图书馆管理活动的影响虽然是间接相关或弱相关的，但其影响力却不可小觑。具体而言，宏观环境涵盖了以下因素。

①政治环境：和谐、稳定的政治环境，是图书馆各项活动正常、有序开展的基础，一个国家对图书馆的态度（重视程度），往往决定着该国图书馆的生存与发展的程度和高度，缺乏国家政策保护的图书馆，将会失去生机与活力。

②经济环境：指的是社会经济结构、经济发展水平、经济体制和宏观经济政策等几个方面，它们构成图书馆生存和发展的社会经济状况及国家经济政策。

③法律环境：指的是与图书馆相关的社会法制系统及其运行状态，眼下，一些走在管理前沿的国家已陆续将图书馆管理上升到法制层面，以强有力的法律措施和手段为图书馆管理工作的有序开展保驾护航，在这一方面，我国仍处于摸索阶段，可见我国在图书馆法制化管理的转变上，依旧任重而道远。

④科技环境：是指图书馆所处的社会环境中的科技因素及与该因素直接相关的各种社会现象的集合，主要体现在社会科技水平、社会科技力量、

国家科技体制、国家科技政策等，科技环境对于图书馆管理的影响程度非常大，它直接关系到图书馆的发展速度，以及图书馆管理和服务的质量、水平和形式等。

⑤社会文化环境：泛指获得公众认可的各项行为规范，如价值观念、道德规范、传统的风俗习惯等，这些因素对图书馆的规模大小、管理与服务的内容与方式等均有着不同程度的影响。

（二）微观环境

微观环境，也可称作特殊环境、任务环境。它指的是那些以直接的方式对图书馆管理活动产生影响的因素。相较于宏观环境，微观环境所产生的影响更为持久、频繁。具体而言，它包含如下因素。

①读者和用户：利用图书馆文献和信息资源的人群，也是图书馆的“上帝”，其需求正是图书馆赖以生存与发展的根本动力和前进方向，图书馆的一切管理活动的开展都是以他们为中心。

②图书馆各项资源的供应者：主要有报社、出版社、图书经销商、数据库的开发者和经营者、信息设备的开发者和生产者、公共用品和办公用品的供货方等，由其所提供的产品或服务的数量、质量和价格直接影响着图书馆管理和服务的成本、质量和效益等。

③图书馆的竞争者和合作者：当前，互联网技术日益成熟，网络遍地开花，涌现出一大批拥有海量图书资源的网络服务机构，为人们提供了各种各样的文献和信息获取途径，使知识的交流与传递更为方便、快捷，这也给当代图书馆带来了诸多挑战，当代图书馆想要在激烈的竞争中站稳脚跟，就必须积极应对挑战，主动寻求创新改变，为此不妨与网络信息服务行业、其他图书馆建立合作关系，实现资源与技术的共享，同时还应不断探索自身特色的服务方式，打造个性化的服务平台，提升图书馆的核心竞争力。

④业务主管部门：图书馆属于社会公益性组织，财政投入是其主要的经费来源，因而势必受相关部门的领导与监督，与这些部门保持良好的沟通，是保证图书馆朝着既定目标前进的基础之一。

综上所述，可知图书馆管理受到诸多因素的影响，有的是直接的，有的是间接的，但无论是以何种形式对其产生影响，其影响力都不可轻视。而且，这些因素往往会随时变动，当代图书馆管理部门必须保持足够的警惕性时时刻刻关注其变化，以便及时作出准确的应对，保持图书馆各项工作的稳定开展。

（三）图书馆自身环境

图书馆自身环境主要由两部分构成，即图书馆文化（图书馆内部氛围）和图书馆的基础条件。

①图书馆文化：是处于一定经济、社会、文化背景下的图书馆，在长期的发展过程中逐步生成和发展起来的日趋稳定独特的价值观，以及以此为核心而形成的行为规范、群体意识等。

一般来说，图书馆文化可以划分为三个层次，具体如下。

其一：表层文化（物质层面），包括馆舍馆貌、工作条件、工作设施配备情况等。

其二：中层文化（制度层面），是指对图书馆馆员和图书馆自身行为产生规范性、约束性影响的部分，主要包括工作制度、责任制度和其他特殊制度等。

其三：内层文化（精神层面），包括用以指导图书馆开展读者和用户服务活动的各种价值标准、精神风貌及图书馆馆员意识等。

上述三个文化层，关系十分紧密，相互促进、相互转化，共同构成了一个有机的图书馆文化体系，对图书馆的管理有着重要的引导作用、规范作用、激励作用等。

②图书馆的基础条件：指图书馆所拥有的各种资源的数量和质量情况，包括人员素质、文献和信息资源的储备情况、科研能力等。此类因素对图书馆的管理也有着重要影响，影响着管理的内容和形式。

第六章 当代图书馆行政管理

第一节 当代图书馆行政管理概述

一、图书馆行政管理的内涵

“管理”和“行政”这两个词由来已久，尤其是“管理”，它几乎是与人类社会同生同长的，但凡有两个以上的个人或两个以上群体的共同活动，皆有管理的痕迹。而“行政”一词首次出现于春秋末年，具体见于《左传》中的“行其政事”“行其政令”。多年后，西汉史学家司马迁将“行”与“政”二字作为一个名词连接起来——“行政”，其含义为管理国家的政务。在西方，“行政”一词的出现也较早，古希腊哲学家亚里士多德就曾使用过它。按照国际通用的《社会科学大辞典》的释义，英语词汇“Administrative”被译为国家事务的管理，这与行政的含义相同。这种起源于原始氏族和部落公共事务的管理，随着阶级和国家的产生而产生，并随着阶级和国家的变化发展而变化发展。因此，作为管理的一种形式，结合行政的具体含义，人们又将行政称为行政管理。随着时代的发展与变迁，行政管理被赋予了更多的内涵，今日的“行政管理”已与往日的它大为不同。

当前，人们对于行政管理的定义各执己见，尚未形成统一的看法，其中较有代表性的为以下三种。

①狭义的行政管理：行政管理是国家行政组织即政府系统依法对国家事务和社会公共事务进行管理，是国家行政权力的运用。

②广义的行政管理：从整个国家管理的角度理解行政管理，认为行政管理的范围应该包括整个国家的管理活动，即但凡与国家机关相关联的一切活动，都可视作行政管理活动。

③最广义的行政管理：认为行政管理不仅包括一切国家机关的管理活动，还囊括了企业单位、事业单位、组织和群众团体的管理活动。

以上三种关于行政管理的观点都有一定的支持者，而其中又以第三种的欢迎程度最高。这是因为国家和所有的企业单位、事业单位、组织和群众团体都是出于某种确定的目的而形成的，也有着明确的发展目标，而为了达成既定的目的与目标，势必要对其行为进行相应的指挥和协调，如行政目标的确定、计划的制订、人员的安排、经费的管理等。而这与国家行政管理活动十分相似，因而第三种观点获得的支持率越来越高。现今，人们常听到的行政管理，若未做特殊说明，一般都指的是第三种观点。

我国当代图书馆管理依照其具体的工作内容可分为两大类，即业务管理和行政管理。其中的行政管理，即图书馆管理者立足于本单位的工作特点和工作性质，通过计划、决策、控制等行为，使图书馆的人、财、物等资源得到合理的利用，以帮助完成图书馆工作最终要求要达到的目的。图书馆行政管理是图书馆管理中的关键组成，是图书馆建设工作开展过程中的重要辅助力量，对图书馆业务的延伸、有效管理图书馆读者和用户等有着积极影响，可见它是图书馆管理工作的中枢所在。

二、我国当代图书馆行政管理的特点

图书馆行政管理作为图书馆管理中的关键组成，对图书馆的建设和发展有着重要的影响，几乎直接决定着图书馆管理的成与败。若要探究其地位和效力的由来，不难发现这是由其自身的特点所决定的。

（一）引导性

行政管理的引导性，即它对图书馆的正常运行有一定的引导作用。行政管理部门负责本单位规章制度的制定、执行和监督，其管理活动的有效开展自然而然会对馆内人员的一言一行产生相应的引导作用，促使他们遵照相关的程序和规则展开工作，从而提升图书馆管理的效力。

（二）约束性

一个组织的成功，离不开统一的目标、统一的工作标准，而这些都需要依靠具有约束力的行政手段来保障、维系。缺乏约束力的组织极易成为一盘散沙，经受不住外界任何的风吹雨打。图书馆的管理工作极为复杂，涉及各类资源的综合利用，需要协调各种关系，因而需要强有力的行政管理来约束员工的言行，使其能够努力工作，有条不紊地推进计划，保证组织目标的实现。

（三）凝聚性

对于图书馆的发展而言，内部的凝聚力非常重要，它是组织永葆活力的基础。在当代，社会发展日新月异，各行各业都面临着诸多问题，如经费紧缺、员工稳定性不高、设备老旧等，而这些问题，也同样困扰着我国各大图书馆。当这些不良因素干扰到图书馆的正常运转时，作为图书馆调节中枢的行政管理部门理应发挥其凝聚性作用，解除或尽量降低以上因素对图书馆产生的消极影响。

三、我国当代图书馆行政管理的基本原则

我国当代图书馆行政管理的基本原则是行政管理本质的反映，其实际内容和具体的表现形式，是引导行政管理开展、改进的基本准则。

（一）服务性原则

服务性原则是行政管理中的一项基本原则，它不仅贯穿于行政管理过程的始终，而且贯穿于行政管理的各个领域和各个环节。

1. 为图书馆业务提供服务

图书馆属于社会公益项目，并不以营利为目的，其基础业务是为读者和用户提供文献和信息服务。此项业务的开展与改进受到诸多因素的约束，如资金、人员、物资等，都对其有着不同程度的影响，而行政管理正是可以左右这些因素的关键环节，因此提高行政管理效率的同时，也提升了图书馆的基础业务能力。行政管理必须秉持为图书馆业务提供服务的原则，有效、及时地满足所有图书馆业务的需要，促进图书馆事业的发展。

2. 为图书馆馆员提供服务

一项事业的发展，离不开从业人员的工作付出，图书馆亦是如此，怎么样调动员工的工作积极性，让他们主动、有创造性地参与到工作中，将对事业的生存发展有着巨大的正向作用。所以人力资源管理工作的重点，不仅是

负责员工的招募与选拔、培训与开发，也包含着对员工的激励与后勤保障，使员工无后顾之忧地投入工作中。这就需要结合本单位的具体情况，切实了解员工的问题与需求，站在服务性原则的立场，有计划地开展人力资源管理工作。

3. 为广大读者和用户提供服务

图书馆的服务对象是读者和用户，因而图书馆的一切活动都是围绕这些服务对象所展开的，或直接或间接为其提供服务。图书馆行政管理作为图书馆管理工作的关键组成，其一切行政管理活动都与对外服务有着密切关系，可以说活动的最终目的是为提升对外服务的质量和水平，即让读者和用户享受到更为优质的文献、信息服务而努力。

（二）效率性原则

效率性原则主要体现的是产出大于投入的现象，在图书馆行政管理中具体表现为：以最少的行政投入（包括人、财、物等）获得最大的行政产出（包括社会效益、经济效益等）。具体可从以下几方面着手。

1. 组建高效率的行政机构

行政管理工作有序、有效地开展，离不开高效率行政机构的支持，因而若要确保行政管理的效力，必须首先设立卓越的、高效的行政机构。在设立这一机构时，需注意几下几点。

①合理设置行政机构：图书馆在设置行政机构时一定要充分考虑自身的资源特色和未来的发展方向，并以此为基础明确设立的种类、数量、层级、规模等，且要注重协调各部分的关系，确保其分工明确、合理。

②合理安排机构人员：将人员安排到合适的岗位，为岗位配备合适的人员，是确保工作任务有条不紊进行的基础，也是实现人员价值，发挥其主观能动性、创造性的保证。

③实行定编定员：为保证行政管理的效果，一定要把握好行政管理的人员数量，既不可太多也不可太少，以合适为佳，人员太多时易造成工作的推诿，开销也大；而人员太少，工作开展的难度随之加大，工作效率也难以保证。

④不断提高行政人员的职业素质和道德修养：行政管理是一门较为高深的学问，具备一定的科学性和艺术性，没有一定文化底蕴和良好道德品质的人员是难以胜任的。而在图书馆中担任此类职务的人员，还应熟悉图书馆的

基础业务。

2. 建立和健全行之有效的行政管理程序

图书馆的业务与服务工作涉及诸多领域，需要面对来自社会各界形形色色的问题，其中不乏一些专业性极强的问题。因此，为了有效地执行日益复杂的行政事务，行政管理程序必须科学化、制度化，使行政管理在执行具体操作时不但做到有章可循，而且还有利于行政管理的考核。

3. 健全岗位工作责任制

工作效率的提升有赖于健全、完善的岗位工作责任制。为确保行政管理的效力，图书馆应当根据行政管理中各岗位的性质和特点，对该岗位的职责和权限作出明确、详细的划分，并为之设定科学合理的工作考核标准和客观公正的奖赏惩处规则。一旦出现问题，立即追究，做到人人有动力、有压力，充分发挥图书馆馆员工作的主动性和创造性，提高行政管理效率，避免不必要的人力、财力、时间的浪费。

（三）整体性原则

整体性原则主要表现为图书馆行政管理中各方面、各层次、各环节之间关系的紧密性，它们构成了一个互相关联、相互促进的有机整体。一方面，行政管理有助于图书馆业务的扩展，可给予其资金和物资的支撑；另一方面，行政管理又决定着图书馆的发展方向，这便要求行政管理部门应当与业务管理部门保持良好的关系，不断加强两者间交流与合作的深度与广度，实现信息等资源的共享，形成一个互助、共赢的有机整体，一同助力图书馆管理目标的达成。

第二节　当代图书馆行政管理基本情况

一、我国当代图书馆行政管理的组织结构

（一）我国当代图书馆行政管理的组织结构设置的必要性

一般认为，组织这种有着明确目标导向、周密设计结构且有意识协调的活动系统是所有社会管理活动开展的基础。而图书馆的行政管理组织也不

例外，它也是图书馆展开内部所有管理活动的基础。借助这一组织，图书馆馆内成员可以在组织内部灵活自如地交流互动，轻松地完成各项工作任务，使图书馆业务有条不紊地进行。图书馆行政管理组织是一种有着相对明确边界、规范秩序、权威层级、沟通系统及成员协调的集合体，它有着较为稳定的结构，其活动的开展一般带有明确的目的性，并能够对图书馆本身、图书馆馆内成员及外部环境带来一系列的影响。

具体而言，图书馆行政管理的组织结构是指在图书馆中建立起来的各种部门或机构之间及以部门或机构为依托的图书馆馆员之间的权利和责任关系的结合方式，是表现图书馆各部分排列顺序、空间位置、聚集状态、联系方式及各要素之间相互关系的一种模式，即按照本单位的工作性质把工作进行精确分工，然后在分工基础上进行协作以完成工作目标的各种途径，包括设定工作岗位，将岗位组合成部门，确定达到什么样的要求，如何使不同层次的部门能按时完成本单位的工作任务，最终实现本单位的目标，达到预期的结果。图书馆行政管理的组织结构的设置并非易事，它牵涉面极广，因此较为复杂，必须以认真、细致的态度对待，以构建一个科学合理且行之有效的组织，充分发挥每一个岗位的作用，引导员工团结互助、和谐友爱、积极工作，为组织工作的开展奠定良好的基础，推动图书馆的发展。

（二）我国当代图书馆行政管理的组织结构设置的原则

在当代图书馆的行政管理中，合理的行政管理的组织结构是开展各项业务的客观需求，因而在设置时不可任意而为，必须遵守一定的原则。

1. 权责对等原则

于任何岗位而言，权力和责任都应是对等的，当权力与岗位责任不相符时极易引发一系列不良现象。如权力过大时容易造成权力的滥用，损害组织或组织内其他成员的合法权益；而权力过小时，难以让他人信服，工作开展起来显得束手束脚，不利于工作效率的提升。因而图书馆在设计行政管理的组织结构时一定要把握好权力与责任的尺度，做到权责对等的原则。

2. 统一指挥原则

图书馆中有多个部门，每个部门又有数个职位，且它们均被赋予了不同的地位和功能，有着明显的层次之分。也正是因为如此，使得上下级之间的关系变得复杂起来，如时常出现多头领导、多头指挥等不良现象。为了有效规避此类现象，图书馆的行政管理必须贯彻统一指挥的原则。

3. 高效精干原则

高效精干原则非常重要，它直接影响着组织的成本和管理效率，因此图书馆在设置行政管理的组织结构时一定要充分重视，尽量精简管理的层级、职位和人员，保证人人有事做、事事有人做，以最合适的投入保证人员充沛的工作激情和工作主动性。

4. 分工协作原则

分工协助原则，即强调组织内部既要分工明确，又要互相沟通、协作，以达成共同的目标。具体而言，图书馆在为行政管理部门设置组织结构时，应根据该部门的实际情况及各职位的性质特点，在其组织内部进行合理的分工，明确不同职位间的权责界限，重视提升管理水平，以确保良好的工作效率，并且加强协作、相互配合。

（三）我国当代图书馆行政管理的组织结构模式

我国当代图书馆行政管理的组织结构模式中最为典型的当属职能型组织结构，它是经由图书馆行政管理组织自身的发展孕育而成的，即在图书馆馆长的统一领导下，按照各项工作职能分工设置图书馆的若干部门，各职能部门间层次分明并遵循严格的上下级关系制，每一级别的领导都应履行好自身的职责，管理好该层次的员工。

在职能型组织结构中，每一层级的管理者都有自身明确的责任，可将重心放在既定的工作内容上，有利于集中人力、物力、财力来处理相关的工作事项，提高工作的效率，推动组织的创新发展。同时，这也有助于将上级领导从烦琐的事务性工作中解脱出来，让其有更多的时间专注于战略性事务的发展。但这一结构模式，也有一定的缺陷，极易形成多重领导的局面，被多重命令束缚的下级难以及时、准确地作出工作反馈。此外，各部门最为关注的往往是自身的利益，一旦出现差错，都忙着推卸责任，影响统一指挥，增加了协调的困难。为避免以上弊端，较高层次的领导在管理过程中应站在一定的高度，统领全局，维系好各层级间的和睦关系，并确保其秩序的规范性，以防组织中各部门出现分裂、分割的不良现象。

二、我国当代图书馆行政管理的工作内容

行政管理在图书馆管理工作中的中枢作用，决定了图书馆行政管理的多样性。若依照职能的不同来划分，可将图书馆行政管理划分为如下七项内容。

1. 人力资源的管理

在任何组织中，最为活跃的要素始终是人，人是组织计划的执行者，是实现组织目标的主要动力。因而为确保各项行政管理工作的顺利开展，充分发挥图书馆行政管理的效力，首先就得管理好人力资源。而人力资源的管理也正是图书馆行政管理的核心所在，必须予以足够的重视。

2. 财务管理

图书馆的良性运转，离不开一定物质资源的支持。为让有限的资金发挥更大的效力，以推进图书馆各项工作的有序开展，就不得不对以政府财政拨付为主要来源的资金和资产进行管理。

3. 对外事务管理

图书馆属于文化事业单位，为充分发挥自身在文化传播上的价值，必须与外界保持紧密的关系，积极与社会各界交流合作，如定期组织文化交流活动、图书展览会等。此外，还需接待上级单位检查、其他图书馆的参观等一系列活动，而这部分工作则需要由行政部门策划、接待和处理。

4. 规章制度的建立和完善

图书馆的工作烦琐且复杂，集学术性、业务性和服务性为一体。因此，图书馆若要充分发挥自身的价值和效能，就不得不提高自身的管理水平，以科学化、专业化的管理来助力各项目标与目的的达成，而这些都需要依靠完善、全面的规章制度来保障。基于此，图书馆应当重视对内部规章制度的构建，并逐步使之完善。一般来说，应涵盖如下制度：各部门的工作职责、各岗位的工作事项、规范统一的工作标准、人员考评制度、奖赏与惩处制度、休假制度等。以上制度，可以对组织内成员起到一定的约束与激励作用，对规范图书馆馆员的各种工作行为具有重要意义。

5. 内部事务的沟通、协调

图书馆行政管理中还有一项上传下达的工作，即充当上级与下级之间的沟通桥梁，协调好两者间的关系。具体而言，是接收到上级的指示、决策和命令后，将之传达到各下级部门，并及时向上级领导汇报其具体的施行情况。

6. 读者和用户接待服务工作

在图书馆内，一般设有专门的接待服务部门，负责为读者和用户提供服务，但行政管理作为图书馆的一分子，在日常工作开展的过程中也要注意配合业务部门，主动为其排忧解难，以便为读者和用户提供更优质的服务。

7. 后勤管理

图书馆一切工作事项的正常开展，是所有部门齐心协力的结果，这其中也有勤勤恳恳的后勤管理的一份贡献。后勤管理具有服务和保障的特性，主要为图书馆提供各种服务和资源性保障，如水电维护、办公用品采购等。这些活动为图书馆馆员、读者和用户提供了便利，是行政管理中不可分割的一部分。

综上可知，图书馆行政管理工作烦琐且复杂，必须依靠行之有效的方法和强而有力的手段来保障其正常开展，促进其中枢职能的发挥。

三、我国当代图书馆的管理者

（一）我国当代图书馆管理者的重要性

图书馆管理工作的有序开展，与管理者专业化、人性化的高效管理有着莫大关系。在图书馆中，管理者主要包括两大部分，即高层管理者（馆长）和中层管理者（各部门主任），他们负责管理图书馆内一切资源，如资金、资产、人员等。图书馆能否朝前发展，关键还在于管理者能否领导、组织、协调好内部资源，充分激发馆内成员的工作积极性和创造性，将馆内有限的文献、信息资源盘活，为读者和用户提供更多、更好的服务。由此可见，管理者在图书馆的发展上有着举足轻重的作用。具体体现在以下几方面。

①管理者手握图书馆的决策大权，直接影响着图书馆未来的发展方向及发展高度。对局势有着敏锐洞察力的管理者，往往能够找准时机，迅速作出

正确决策，带领图书馆更上一层楼。

②图书馆的良性、健康运转有赖于科学化的管理，科学化的管理则依靠行之有效且强而有力的管理制度，而管理制度的形成和执行的关键是管理者。

③合格的管理者本身应是创新者和改革者。在图书馆快速发展和信息膨胀的当前环境中，如果墨守成规，不改革、不创新，图书馆的发展将无法适应变化着的形势。这就要求管理者尤其是高层管理者作为变革者，应去克服发展中的重重阻力，排除各种干扰，积极改革创新，利用自身卓越的才能和创新胆识打造图书馆的美好未来。

④管理者是组织内部的润滑剂，通过自身良好的领导能力、沟通能力、指挥能力、组织能力、协调能力等，将各部门及其成员紧密地联系在一起，以便形成一股强大的合力，共同推动组织的发展。

（二）我国当代图书馆管理者的职能

若用一个词来形容图书馆管理者的工作，那么“纷繁庞杂”最为妥帖，因为他们不仅要处理基本的管理工作，还对图书情报专业方面的工作负责。在网络信息高度发达的今天，市场竞争愈演愈烈，图书馆必须充分发挥自身的管理职能，做好基本工作，才能让馆内的所有资源适得其所，为图书馆目标的早日实现助力。具体而言，管理者的工作职能包括如下内容。

①拟订工作目标：管理者在工作中应拟订工作目标，然后以这些工作目标为基点，安排为达到各种目标所应做的事情。

②组织执行工作：分析需要完成的工作目标，将工作分类，并将其交给相关的执行部门或个人。

③联络协调工作：将负责各种业务的图书馆馆员组织起来，并开展必要的沟通和协调。

④考核：管理者应定期考核自己所管辖部门及其人员的业绩，保证评价科学合理、客观公正，并及时将考核的结果及建议反馈给员工和上级领导，以便对图书馆整体工作作出必要的改进。

⑤培养人才：善于发现下属的潜能和优势，有针对性地对其进行培养。

（三）我国当代图书馆管理者的素质及其培养

管理者是图书馆的领头羊，决定着图书展生存与发展的方向和高度，且需完成纷繁复杂的工作、履行多种职能，以确保组织的正常、高效运转，这便对其素质提出了较高的要求。在管理学领域，人们对于管理者需要具备哪些素质依旧各执己见。从他们的观点来看，以下三方面的素质是最为基本的，是一个合格的管理者所必须具备的素质。

1. 道德品质方面

道德品质指的是衡量行为正当的观念标准，个人的道德品质往往体现在其言行上。管理者作为图书馆的领头羊，其一言一行都影响着图书馆的形象，且对内部员工和外部各界都能够产生一定的作用（消极或积极），因而他们必须拥有良好的道德品质，始终保持积极、正面的形象，做好员工的榜样，给他人留下一个深刻的好印象。一般认为，图书馆的管理者理应具有强烈的管理意愿和责任感及良好的心理素质。

①管理意愿和责任感：具有为他人工作承担责任、激励他人取得更好成绩的意愿，这不仅是成就他人更是在成就自己，没有优秀的团队共同致力于图书馆的长远发展，再优秀的管理者也难有所作为。

②良好的心理素质：管理工作烦琐、复杂，且需应对变化多端的外部环境，因而管理者必须能够把控好自身的情绪，具备较强的意志力及一定的韧性，敢于挑战困境或挫折，直面工作中的难题，以积极的态度去应对，并善于将危机转化为动力，推动图书馆的创新发展。

2. 知识方面

图书馆管理要求管理者掌握一定的图书情报专业知识，此类知识与管理知识相同，均是提高管理水平和管理艺术的基础与源泉。

①政治、法律知识：把握党和国家的路线方针、政策，熟悉国家的有关法令、条例和规定。

②图书馆学、情报学和管理学知识：对于一个合格的图书馆管理者，不仅需要熟练掌握基本的管理学知识，还应熟悉图书馆学、情报学等专业知识，以增强管理的科学性、合理性和针对性。

③心理学、社会学知识：人是组织中最为活跃的因素，每一个人都有着各自的想法和目的，管理者需要了解他们，充分挖掘其潜能，引导他们积极工作、团结友爱，一起为图书馆的发展作出贡献，因而管理者必须具备一定的心理学和社会学知识，以最为有效的途径去打动人心，调动人的内

在动力。

④计算机知识：管理工作涉及面广，需面对海量的数据资料，若能够熟练运用计算机技术，可大大提升工作的效率。

3. 实际工作能力方面

卓越的管理者，往往有着较强的实际工作能力，能够有效解决管理过程中遇到的各种常规及非常规的问题，非那些只会“纸上谈兵”之流所能媲美的。而实际工作能力的提高，没有捷径可走，需通过大量的实践活动逐步积累，这也是为什么现今紧缺优质管理者的一大原因。在实践中，管理者可以对自身的专业知识进行检验，通过反复尝试可使之不断改进、完善，以此加强理论与实践的结合，增进自身对理论知识的进一步理解，逐渐提高对其的运用能力。

四、我国当代图书馆的领导者

管理和领导两词关系十分相似，但又存在一些较为明显的区别。相似之处在于两者都涉及对要做的事情作出决定，并尽力保证任务能够完成，两者都是完整的行为体系。两者的区别在于，前者注重微观方面，重心主要放在具体事项的开展上，主要处理一些烦琐的事务性工作，决策延续时间较短；后者所关注的是宏观方面，重心主要放于整体性的发展上，主要负责战略性的发展，决策延续时间较长。领导和管理具有各自的主要功能。领导能带来变革，管理则是为了维持秩序，使事情高效运转。

由上可知，应区别化地看待图书馆的管理者。图书馆馆长不仅是图书馆的高级管理者，更是图书馆的领导者，其地位明显不同于甚至远高于其他管理人员，他（她）是图书馆发展中的核心。因而，他（她）理应有区别于普通管理者的素质和领导行为。

（一）领导者（图书馆馆长）应具备的素质

一名优秀的领导者，不仅需要具备一般管理者所需具备的基本素养，还应具备以下素质。

1. 战略思考能力

战略思考能力也可称为总体性谋略能力，即从全面、长远、竞争的角度看待组织的发展问题，基于图书馆的实际情况及变化着的外部环境，设计最优化的图书馆发展计划。

2. 充满激情

缺乏激情的领导者（图书馆馆长），往往工作绩效平平，也难以对员工起到积极、阳光的正向垂范作用。而激情饱满的领导者（图书馆馆长），常用自身的热情去感染身边的每一个人，使馆内氛围更为活跃，人人都全神贯注地工作。

3. 客观公正

领导者（图书馆馆长）应客观公正地看待自己和他人，肯定个体的优势和特长及在工作中的贡献，以此保持长久的工作动力，充分发挥所有成员的价值；以真诚的态度包容、理解个人的缺陷与不足，将其视作可以改进、突破的地方，促进个人和他人的健康成长。

（二）领导者（图书馆馆长）的关键行为

1. 为图书馆构建远景规划

无论何种岗位总难以避免人员的流动，图书馆馆长这一岗位同样如此，而此类变动势必会对图书馆的发展产生一定影响。鉴于此，图书馆在管理中应尽可能保证决策的延续性，能够始终朝着正确的道路稳步前进。而这些都需要有一个拥有远见卓识的领导者（图书馆馆长）作出有活力的远景规划。

2. 识别和关爱下属

图书馆的良性健康发展不仅需要优秀的领导者、管理者，更需要积极努力、踏实勤奋且具有创新精神的员工。这就需要领导者（图书馆馆长）识别和关爱下属，及时发现并解决他们在工作中所遇到的难点或困惑，满足他们对于薪资、职位晋升等方面的合理需求，让他们更好地投入后续工作中，为图书馆的长远发展做贡献。为此，领导者（图书馆馆长）可以定期或不定期与下属进行工作方面的深入交流，仔细倾听他们对于工作的看法和意见，虚心采纳其中有创设性的观点和想法，不断优化图书馆的管理水平；也可以在平时注重观察下属的言行举止，若有异常可及时与之沟通交流。这一做法，既是领导者（图书馆馆长）向他人表示尊重和认可的方式，也是其向群众学习的一种途径。

3. 正确利用和提高下属的工作能力

一个优秀的领导者（图书馆馆长），还需具备正确利用和提高下属的工作能力，这也是其所有工作中的一项基本任务。为了实现这一任务，领导者（图书馆馆长）可定期组织培训、学习等活动，全面提高下属的知识储备和技能水平，使其更好地胜任本职工作，为图书馆的发展作出更大贡献。

4. 服务于图书馆的发展目标

领导者（图书馆馆长）的职责是全心全意为图书馆的发展目标服务。在实际工作中，领导者（图书馆馆长）不仅要将图书馆发展目标的实现放在工作首位，还要将之努力践行，不断创新图书馆管理的内容和形式，引导馆内人员为共同的发展目标持续奋斗。

5. 保持希望

在我国，绝大部分的图书馆均归属于国家，无需自负盈亏，也正是因为如此，使得图书馆的发展缺少了一份激情和活力。因此，领导者（图书馆馆长）应注意对馆内工作氛围的营造，构建一个积极、向上的工作环境，让所有人保持着热情，尽职尽责地工作，让图书馆的未来更加美好。

第三节　当代图书馆人力资源与财务管理

一、我国当代图书馆人力资源管理

我国当代图书馆人力资源管理的任务是确保图书馆在适当的时间获得适当的人力（包括数量、质量、层次和结构等），实现人力资源的最佳配置，使图书馆和图书馆馆员双方的合理需要都能得到满足。所以，人力资源管理部门作为图书馆行政管理的基础部门之一，承担着对图书馆馆员的规划和选拔、培训和开发、保留和激励、评价和考核的工作。众所周知，人力资源是推动社会发展的第一资源，图书馆对人力资源进行有效的管理，自然也是推动图书馆发展的必经途径。我国当代图书馆人力资源管理应以与组织目标一致的活动为着眼点，着重发挥图书馆馆员的创造力，构建有利于学习和创新的工作环境，以此打造一支又一支高素质、高竞争力的图书馆员工团队。

（一）图书馆内人力资源的规划工作

人力资源规划的目的是保证实现组织的各种目标，改善人力资源的配置，降低用人成本，同时谋求人力资源使用的平衡，谋求人力资源科学、有效地开发。图书馆人力资源规划指的是为达到图书馆的战略目标与战术目标，根据馆内当前的人力资源状况，满足未来一段时间内图书馆的人力资源质量和数量方面的需要而作出的决定引进、保持、提高、流出人力资源的工作安排。当然，在制定人力资源规划时应充分考虑图书馆内外环境的变化，注意图书馆的战略目标与图书馆人力资源规划的衔接，且必须以图书馆发展为前提。

图书馆馆员按工作岗位划分，可分为行政人员、业务人员和后勤人员。行政人员主要负责图书馆内部事务的管理和对外事务的沟通；业务人员主要负责图书馆的各项特色业务；后勤人员主要负责馆内基础物资的保障工作。但无论是何岗位，其工作内容、职位安排都应根据图书馆的战略目标进行特色设计，以满足图书馆未来发展的远景规划。因此，人力资源管理部要根据馆内人事的需求，通过人事决策、工作设计和职位优化组合，加强特色业务的图书馆馆员配置、制定相应的政策体系、及时发布人事信息，以便在不断变化的图书馆工作中有效地管理好本馆人员，充分发挥馆内各个岗位及其人员的价值和效用。

（二）图书馆馆员的招聘

招聘是现今各行各业获取员工的一大主要渠道，因此图书馆人力资源管理部门也应管理好此项工作，为图书馆的发展引入最合适的人员。之所以重视人员聘用的缘由有三：①优秀的人员才能承担起相关岗位的工作重担，将工作任务出色地完成，做到人尽其职；②优秀的人员符合图书馆的工作需求，从而使职得其人，有利于图书馆的发展；③可为图书馆贮备、培养人才，为其未来的发展奠定好人才基础。

（三）图书馆馆员的培训与再教育

图书馆的主要任务是为大众提供文献和信息服务，随着当代网络信息技术的发展，各种各样的信息技术、高端设施设备相继引入图书馆的服务体系中，使图书馆的资源结构、信息处理技术、服务项目和方式都发生了巨大变化，这便对图书馆馆内人员的素质提出了全新的要求。很明显没有掌握一定网络信息知识与技能的员工难以适应当前的工作需求，也无法为人们提供高效、便捷的服务，因此图书馆想要正常运转就必须积极组织培训与再教育活动，不断给员工充电。在培训与再教育的过程中，员工可以接触到最新的知识和先进的技术，从而逐步提升自身的专业技能和职业素养，能够轻松、高效地完成手头的工作任务，推动图书馆的整体发展。

（四）图书馆馆员职业生涯规划设计

对个人而言，职业发展非常重要，它是实现个人价值和获取生活来源的主要渠道。因而，图书馆人力资源管理部门应当充分重视馆内成员对于自身职业生涯的规划，了解他们的职业观、职业愿景和职业目标，尽可能满足他们在职业发展上的合理需求，努力为他们确定一条可依循、可感知、充满成就感的职业发展道路，给予他们广阔的发展空间，并提供科学合理的指导和充分的资源扶持。此外，还应引导他们树立与图书馆发展相一致的共同目标，鼓励他们与图书馆共同发展进步，在完善自我的同时，也注重对图书馆整体服务水平的提高。

（五）图书馆馆员激励

图书馆行政管理的目的，就是充分利用馆内现有资源，使图书馆处于高效运转的状态。图书馆所拥有的资源，包括人、财、物和信息四大类，其中最为关键的当属人，因为没有人的运作其他资源将无法发挥作用。由此可知，图书馆人力资源管理应注重对人的管理，采取有效的激励措施，使他们能够长久地保持工作积极性，以便于充分发挥其价值，带动图书馆的健康发展。具体而言，图书馆可采取如下激励措施。

1. 物质激励

物质激励属于一种较为直接的激励手段，通过资金、奖品等的发放来鼓励员工，以充分调动其工作的主动性和积极性，引导他们为图书馆的发展作出更多贡献。需要注意的是，物质激励应当客观公正，最好是形成完善的制度，给予每一个员工平等的获取奖励的机会。

2. 精神激励

精神激励是指精神方面的无形激励，包括向员工授权、对他们的工作绩效的认可；公平、公开的晋升制度；提供培训和学习等进一步提升的机会；实行灵活多样的弹性工作时间制度；制定适合其个人特点的职业生涯发展道路……相较于物质激励，精神激励的效力更为持久，但实施难度较大，人力资源部门需充分了解每一个员工精神上的需求，然后才能“对症下药”，制定出最为合适的精神激励方式，充分发挥其激励效果。

3. 情感激励

情感激励即加强与图书馆馆员之间的感情沟通，经营好馆内的人际互动关系，使所有员工保持良好、稳定的工作情绪，积极、勤奋地工作。它是一种较为经济、实用的激励方式，但十分讲究艺术性和技术性，对管理者的情商、沟通技巧等有着较高要求。

4. 发展性激励

发展性激励是一种较为长远的投资，关注的是员工的成长问题，通过为其提供持续进步的学习与培训机会，满足员工自身发展的需要，帮助他们改进、完善自我。如设置挑战性的工作任务、提供更多的学习与培训的机会、安排合适的轮岗、设计职业生涯规划等。

（六）图书馆馆员的绩效考核

1. 绩效考核在图书馆人力资源管理中的含义和作用

图书馆对员工绩效的考核，主要包含两方面：一是对员工工作完成量和完成度的衡量，即完成了多少工作内容，以及完成的质量如何；二是对员工在工作中的综合表现进行评价，其中包含能力、性格、适应性等方面。对图书馆员工的工作中采用绩效考核的评价方式，可以较为具体地评价他们在某一时间阶段的工作质量，识别他们的优势和缺陷，为未来管理及其他工作的开展提供客观依据。与此同时，也能够让员工更为清晰、明确地看到自身的工作能力及与他人的差别，方便他们更有针对性地提升自己，不断适应图书馆的发展，为图书馆目标的实现添砖加瓦。这些都足以证明绩效考核的积极性，它于图书馆的发展及员工的个人发展都是有益的，是一种有效的人力资源管理手段。

2. 绩效考核的原则和内容

为确保图书馆绩效考核的效用，在实际推行中应遵循一定的原则，具体而言应包括以下原则。

①客观公正原则：在对员工的绩效进行考核时，应以其实实在在的绩效为依据，不可弄虚作假、无中生有；对于不同层次、不同部门的员工，具体

的绩效考核依据可以有所差别，但考核的标准应统一，考核的指标应客观、全面且行之有效。此外，考核的内容应具体、稳定、可量化，以保证考核结果的可信度和准确性。

②民主公开透明原则：绩效考核的最终目的是激励员工，引导他们勤奋工作，推动企业目标的实现，因而考核需保证民主、公开且透明，否则考核结果难以获得员工的认可和信赖，也达不到预期的激励效果。为此可将绩效考核的条件、范围、指标、程序、结果等都予以公示，在操作过程中虚心听取员工的意见和想法，不搞专制独裁，不搞人情关系。

③反馈的原则：图书馆一般会定期对员工的绩效进行考核，每次考核完成后应及时把结果（评语）反馈给员工本人，以强化考评的教化、引导作用，反馈的内容应全面、详细、主次分明、通俗易懂并包含一些中肯的发展建议，让员工能够既能够看懂、看明白，也能够找到自我改进的方向，从而有针对性地完善自己。此外，应当注意考评的度，对员工的表现不可全盘肯定也不可全盘否定，以免伤害他们的自尊心和自信心，而应肯定其成绩和进步，指明其明显的缺陷及落后之处，给其发展和进步留足空间。

一般来说，图书馆馆员绩效考核主要包括四项内容，分别是品德、能力、态度和业绩。这四项内容共同构成了一个有机的整体，品德和能力是图书馆馆员绩效考核的基础，态度和绩效则是他们工作过程和工作成果的具体表现。其中，业绩是其他三者的综合体现，这是因为抛开一个人的工作业绩而空谈其工作的品德、能力和态度明显是不现实的，也于图书馆的长远发展无益。具体来说，在对其品德进行考核时，应当注重他们的思想政治素质、道德素质和心理素质；在对其能力进行考核时，应当关注其工作技能水平及解决实际问题的能力；在对其态度进行考核时，应关注其出勤率、工作热情及有无牺牲、奉献精神等；在对其业绩进行考核时，应重点关注其工作完成的速度、质量及所取得的经济效益和社会效益。

3. 绩效考核的程序和方法

图书馆绩效考核涉及员工工作过程中的方方面面，因而较为烦琐、复杂，需要认真、严肃的对待，并采取规范的考核程序和科学合理的方法，否则难以保证考核的完成度和准确度。现今，图书馆中常用的绩效考核程序主要有以下两种：一是横向程序，按照考核工作先后顺序形成的过程进行，包括四个环节，即制定考核标准、实施考核、考核结果的分析与评定、结果反馈与实施纠正；二是纵向程序，按组织层级逐级进行考核，即按照由下而上的先基层再中层最后高层的方式展开绩效考核。

图书馆在明确员工绩效考核方法时应详细考虑考核的目的和内容，以及考核的主客体特点、次数、方法和性质等。通常，在实际考核的过程中可以综合运用多种方法，以集各种方法之所长，最大限度地保障考核的准确性、有效性。譬如与晋升有关的考核可采用叙述、图表评等级、排序等方法；与发展有关的考核可采用行为定向、叙述评语等方法；与加薪有关的考核可采用目标管理、强迫分配等方法。

（七）图书馆人力资源开发

图书馆人力资源开发是通过对图书馆馆员进行有计划的人力资本投资，采取教育、培训等有效形式，充分挖掘图书馆馆员的智慧、知识经验、技能和创造性，积极调动图书馆人力资源工作的积极性和潜在发展能力的过程，目的在于促进图书馆馆员个人发展，提高图书馆馆员的才能并增强其活力，以保证图书馆各项目标的实现。

1. 我国当代图书馆人力资源开发的现状

当前，我国当代图书馆人力资源开发仍存在诸多问题，尚未形成完善、健全的制度体系，图书馆馆员的潜能释放受到很多因素的制约和影响。主要表现在以下方面。

①“人本原理”思想的缺失制约了图书馆馆员潜能的开发。在图书馆的发展过程中，不乏一些极力推崇以人为本管理理念的图书馆管理专家，但在实际推行中，收效却并不如人意。强调管理监督功能的图书馆管理方法，暗示了对图书馆馆员的不信任，在某种程度上挫伤了他们工作的积极性。同时，有的管理者认为图书馆馆员工作的主要目的是获得钱财收益，若给予他们过多的教育与培训机会，会转移他们工作的重心，使其更为关注个人的目的。从这个角度出发而形成的图书馆文化，势必于图书馆馆员的个人发展无益，导致其潜能难以被挖掘，其长处也得不到重视。

②传统图书馆管理理念导致图书馆馆员的潜能低层次释放。过去，图书馆的服务主要以被动式的服务为主，图书馆工作人员充当的是文献与信息的保管者、传递者的角色。不难发现，在此种服务方式的约束下，员工的个人

特色、创造性、工作热情等均将被逐步耗尽，其潜能优势不仅难以被充分开发，也得不到重视甚至无用武之地，长此以往，势必会对其工作绩效造成明显的消极影响，阻碍图书馆的正常发展。

③封闭式的管理机制束缚了图书馆馆员的潜能释放。过去的计划经济体制对图书馆管理体制有着根深蒂固的影响，使其带有强烈的自我封闭性。社会发展日新月异，但图书馆的管理层并未紧跟时代的步伐，没有及时更新对自身社会地位和职能的看法和认知，而且在工作部门的设置上仍按简单、僵化的线性作业流程和工作环节进行架构，实现部门的管理职能。这种线性发展的组织结构造成了对外与社会需求严重脱节，对内只突出行政管理上的领导与被领导关系，而没有形成业务上的指导与被指导关系，束缚了图书馆馆员的个人发展，同时也制约了图书馆的可持续发展。这种管理机制，由于缺乏互相沟通和联系，无法实现工作任务的互换，从而使图书馆馆员长期从事简单重复的工作，缺乏挑战性和危机感，处于缺少竞争力的消极被动状态。

为了改变这种落后的人力资源管理面貌，就需要加大改革力度，开发图书馆人力资源，提高图书馆管理效率，激发图书馆馆员的才能和活力，使之焕发出更大的工作激情。

2. 图书馆人力资源开发的意义

①人力资源开发是图书馆适应社会进步和技术发展的重要措施。社会的进步是推动图书馆事业发展的强大动力，而技术的发展又是图书馆增强生命力和长远发展的重要手段。这些都对图书馆的工作人员提出了较高的要求，需要他们与时俱进，不换获取新的知识和技能，以便于更好地满足社会大众对文献和信息的多样化、个性化需求。但知识和技能的获取都不是一蹴而就的，需要长期且规律性的培训学习，而这就需要依靠人力资源开发来实现。

②人力资源开发有助于图书馆馆内人员的成长与进步。通过一系列专业化的学习、培训、继续教育活动的开展，图书馆馆内人员的知识和技能将得到不同程度的增长，有的潜藏于内部的潜能和优势也将被逐步激发、开掘，这些都于他们个人的成长与进步有益。而随着他们个人工作能力的提升，图书馆的服务质量也会同步提高，图书馆的社会价值也将更加显著。

③人力资源开发是图书馆获得竞争力的关键。当前，市场竞争异常激烈，各种文献和信息服务机构大量涌现，同时随着互联网技术的成熟和进一

步普及，人们获取信息的途径也越来越多。面对着诸多的威胁，图书馆必须始终走在变革的道路上，重视人力资源的开发，才能使自身保持竞争优势，不致被淘汰。

3. 图书馆人力资源开发的内容和方式

一般认为，图书馆人力资源开发的内容主要包括两大类，一是能力方面的开发，如开发人的体能、智力等；二是精神方面的开发，如开发人的观念、意识、信仰等。

根据人力资源的特点及现代人力资源开发理论，可以把开发活动划分为以下三个层次。

①培养性开发：指以教育培训的方式来进行开发，它包括图书馆馆员知识的更新、技能的拓展、素质的提高。图书馆服务的对象是形形色色的社会大众，他们的需求总是随着社会的发展、技术的进步不断更新变化，因而只有具备高素质和强适应性的员工才能确保服务的质量，让社会大众满意。基于此，图书馆馆内人员必须持续进步，积极主动地参与到各项培训、学习与继续教育的活动中，不断提升自身的综合能力，让工作更为得心应手。

②使用性开发：从实质上分析，可以将使用性开发视作一种激励员工的手段，其开发的关键是人，主要通过对人的量才为用、职务晋升、岗位轮换等达到激励的目的。图书馆的工作虽然烦琐复杂，需要花费一定的精力才能完成好，但总是处于同一个岗位，不利于个人潜能、优势的开发和利用，长久下来也易使人因失去新鲜感而产生消极、倦怠的心理，降低工作效率。而此时，若能够转换岗位（平级调动、升职），为其安排更具挑战性的工作任务，可有效调动其工作积极性，使其主动适应新的工作、新的环境，在不断的实践中，得到经验的积累，知识和技能也逐步将得到了更新和丰富。在此开发过程中，既有效地促进了图书馆馆内人员个人的发展，也使馆内的人力资源的整体素质有所上升，于图书馆的发展是十分有益的。

③政策性开发：指通过制定符合人才成长规律和人力资源管理原理的一系列调整政策来变革管理体制，充分运用激励机制等手段，促进人才的不断涌现。目前，我国图书馆在人力资源政策性开发上较为落后，尚未形成完善的开发制度，也缺乏行之有效且具有延续性的人才开发计划，在人才开发上依旧摆脱不了“感情用人”及领导者的“一言堂”，这也使得一些人才被埋

没。图书馆若要改变这种状态，就必须制定一套尊重图书馆馆员个人发展所需要的规章制度，保障图书馆馆员的科学培训和正常工作。

二、我国当代图书馆财务管理

（一）我国当代图书馆财务管理的内涵

在图书馆行政管理中，不仅要重视对人的管理，还要关注钱和物，对它们的管理也是不可忽视的。毫无疑问，无论是单位、企业，甚至小家庭其运转均离不开人、财、物的支撑，图书馆当然也不例外。虽然图书馆的性质决定了它不以营利为目的，但财务资源对它而言也非常重要，是保障其工作顺利开展的基础，是实现其最终目标的手段。

图书馆的财务管理就是在日常管理中遵循资金运转的客观规律，对图书馆的财务活动及其所体现的财务关系进行有效的管理。一般来说，图书馆的财务管理的主要内容有：资金的筹措和分配、制订财务计划和预算、设立专门的财务管理组织、实施财务计划和预算、进行财务全过程监督。财务管理的目标可以合理控制图书馆的经济活动，提高运营管理经费使用的经济效益，维持良好的财务状况，为图书馆各项服务工作的开展提供物质保证。

（二）我国当代图书馆财务管理的目标、任务和原则

我国当代图书馆财务管理的目标、任务和原则是我国当代图书馆财务管理理论的基石，它决定着图书馆财务管理的方向、内容和方法。

1. 我国当代图书馆财务管理的目标

我国当代图书馆财务管理的目标是努力增收节支，合理安排支出项目，严格控制经费支出，提高资金使用效率，充分利用有限的资金。

2. 我国当代图书馆财务管理的任务

我国当代图书馆财务管理的任务：依法筹集并合理有效地使用资金，对图书馆的各项财务活动实施有效的综合管理。具体包括：①加强图书馆预算管理，保证图书馆各项事业计划和工作任务的完成；②加强收支管理，提高资金使用效率；③加强资产管理，防止国有资产流失；④建立健全财务制度，实现图书馆财务管理的规范化和法治化；⑤按规定及时编报预算、决算，如实反映图书馆财务状况；⑥加强财务分析与财务监督，保证图书馆各

项活动的合理性与合法性。

3. 我国当代图书馆财务管理的原则

我国当代图书馆财务管理的原则是在长期的财务管理实践过程中逐步形成的，其正确性已得到了证实，因而是图书馆在各项财务活动中理应遵守的基本规范。此外，它对于规范各类图书馆的财务管理、防止各图书馆自行其是、确保图书馆财务管理的质量、实现图书馆财务管理的目标，都具有积极影响。目前，我国当代图书馆所应遵循的财务管理原则包括：①依法理财原则；②勤俭节约原则；③量入为出原则；④效益原则；⑤正确处理国家、图书馆和个人三者之间的利益关系原则；⑥责任性原则。

（三）我国当代图书馆财务管理的内容

1. 图书馆运营管理经费的筹措

图书馆作为非营利性的公益性服务组织机构，其运营管理经费的主要来源是政府的财政投入。从这一点不难发现，我国图书馆的发展主要取决于国家财政对其的扶持力度。近年来，随着国家经济实力的大幅度提升，党和政府越来越重视社会公益事业的发展，也陆续投入大量的资金来扶持，使各种公益性组织获得了不同程度的发展。但对于图书馆这一庞大且对科学技术、电子设备有着较高需求的机构而言，如此单一的经费来源渠道是无法满足其发展需要的，因而国内不少图书馆长期受到经费紧缺的困扰，同时这也对图书馆的服务质量产生了一系列消极影响。如何在现有情况下，既拓宽图书馆运营管理经费的来源渠道，又不改变图书馆非营利的公益性，这就需要图书馆的财务管理充分发挥其作用，积极创新管理手段和方式，不断开辟新的经费筹措途径。

①持续加强政府对图书馆工作的重视程度，提高政府对图书馆的投资力度。政府的财力是毋庸置疑的，因而图书馆一定要保障好这一主要的经费来源，让政府持续、稳定甚至是加大对自身的投资力度。为了达到这一目的，图书馆必须加大发展力度，为社会大众提供高质量的文献和信息服务，让社会大众和政府看到自身在知识文化传播与推进中的独特作用和价值。

②利用图书馆自身优势，扩大运营管理经费来源。①图书馆是信息资源汇集的场所，拥有大量高素质的专业人才，有的擅长管理，有的擅长服务，有的擅长图书情报的收集与整理……这些优势使图书馆提供专业化、个性化

的文献和信息服务有了可能。图书馆可以积极与科研团队、商业机构、学校教师等对文献和信息有着较高需求的个人或团体建立合作关系，为其提供有偿的科技查新、专题信息跟踪等服务，通过这一途径图书馆可获得一定经济收益。②图书馆是文化教育的宣传场所，增加图书馆文化服务领域的活动也能带来经济效益，如开展数据库的使用培训、书画展览、图书展销会等。

③加大图书馆宣传力度，吸引社会力量的赞助、扶持。图书馆是一种公益性组织，于社会文明的传播与发展有益，因此很多社会组织或个人并不排斥为其贡献出自己一份力量。而图书馆为更好地实现自身的社会效益，还可以将目光放于社会各界，加大宣传的力度和广度，广泛吸引他们的目光，并尽力说服其为图书馆的发展助力。需要注意的是，无论社会力量是以捐款、捐物还是其他形式资助，都应当受到图书馆的尊重和感激，且图书馆应保证捐赠的公开、透明。

2. 图书馆财务预算的管理

图书馆财务预算管理，及其在一定期间内取得及使用经费的计划，是对预算经费的筹措、分配使用所进行的计划、组织、协调等活动，其目的是完成预算收支任务，提高经费的使用效率，控制财务风险。

图书馆作为社会公益性组织之一，其发展经费主要来源于政府财政，从某一角度可以说它来之于民，而来之于民自然要用于民。图书馆对自身财务预算的管理，既于自身的发展有益，也于民众有益，可较好地保证所提供的服务质量，因图书馆在实际工作中对于财务预算计划一定要严格执行，认真贯彻。

图书馆财务预算的关键是预算的编制，图书馆在编制预算的过程中，一定要注意以下几点。

①以自身实际情况与发展规划为依据，明确运营管理经费分配方案，做到具体化、数量化。

②全面详细地考虑分析图书馆发展中可能遇到的变化，并以货币计划的形式具体、详细地反映出来。

③坚持综合平衡、收支略有节余，尽量避免预算赤字。

④必须量入为出，以财务具体情况为依据合理安排支出。

3. 图书馆财务收支的管理

图书馆财务收支的管理主要涵盖了两大内容，一是收入管理，包括政府拨款、各方捐赠及图书馆自创经费的管理；二是支出管理，包括对经费的使用范围、用途、指标等进行管理，以此实现对财务活动的控制，降低差错和风险，确保图书馆工作的正常开展。图书馆为了保证财务收支管理的有效性，必须不断增进管理的科学性和规范性，提高收支管理的水平，具体可从以下几方面着手。

①严格遵守收支计划。图书馆财务收支计划一经形成就不可随意更改，确需修改的部分必须经过严格的审批流程。在计划有效期限内，图书馆所有部门及其人员都应严格按照计划的内容执行，发生收益行为无论数额的大小都应及时入账；需要支出的，也应按计划规定进行开支；对于那些计划外的开支，未提交申请或者审批未予通过的，财务部门均不可将其列入图书馆的支出中。

②建立健全财务支出管理制度。完善规范的财物管理制度，可确保图书馆各项财物收入与财物支出活动合理有序地进行。譬如对于常规化的收入与支出项目可实行统一化的管理，而对于那些非常规的大额支出则应当设立严格的审批流程。

③保证图书馆馆内基本项目支出。大部分图书馆几乎全年无休，因而基本每天都在运转，为使之长久地维持下去就必须保证基本的项目支出。因此图书馆不仅要严格遵守支出计划，还应当提倡节约，坚决抵制没有依据的支出，也不允许超计划、超标准的开支，从根本上做到计划开支有序开支、专款专用。

4. 图书馆资产的管理

图书馆资产是图书馆占有或使用的以货币来计量的经济资源，具体包括流动资产、固定资产和无形资产三类。这其中任何一类资产都具有其特定价值，可以为图书馆的正常运转提供客观条件和物质保证。因此，这三类资产是图书馆财务管理的重要内容。

①流动资产，指在一年内可以变现或者耗用的资产或资金，具有周转速度快、循环周期短等特点，如图书馆短期内可以周转的货币资金。

②固定资产，指期限超过一年并且在使用过程中保持原有实物形态的资

产。图书馆的固定资产主要包括：建筑物、文献和信息、书柜、电子设备、书桌、椅子等。对于上述馆内固定设施，图书馆应做好如下管理工作。第一，保护好固定资产，尤其是耗资大的关键设备，应安排专人管理，确保其完好无缺，尽量延长使用寿命；第二，建立好固定资产使用台账，定期对固定资产进行维护、修缮，以提高其利用效果；第三，定期盘点固定资产，发现遗失的应及时补缺，对于破损严重的可及时折旧或以旧换新；第四，固定资产的租赁、报废等凡是涉及收入与支出行为的，都应当做好登记，并检查其完好程度，以免产生不必要的矛盾甚至维修支出。

③无形资产：指图书馆所控制的不具有实物形态但可以长期发挥作用且能带来经济效益的资源，如专利技术、文献信息加工成果等。这些属于图书馆的特色优势，对于其发展有着积极影响，因而一定要管理好。

5. 图书馆财务监督的管理

图书馆财务监督，即根据国家有关财务管理的法律、法规和财务制度，对图书馆的财务活动进行审核和检查。对图书馆财务实施监督的主体包括：图书馆全体馆员、上级主管单位、国家财务监督和审计部门、人民群众等。通过对图书馆财物活动的监督，可及时发现图书馆财务管理过程中的不足与缺陷，帮助图书馆整改、优化其财务制度，同时，还有助于图书馆实现资源的合理配置，提高各类资源的使用率。

图书馆财务监督的主要内容：监督运营管理经费的筹措和运用；监督财务预算的执行情况；监督运营管理经费的日常使用；监督资产管理状况；等等。监督方式以财务报告和财务分析为主，把图书馆一定时期的财务状况和财务预算执行情况编写成书面文件，用财务报表和财务情况说明书具体反映运营管理经费的使用情况，以方便财务监督的进行。

（四）我国当代图书馆财务管理的技术方法

我国当代图书馆财务管理的技术方法是当代图书馆达到财务管理目标、完成财务管理任务的重要手段，也是当代图书馆财务人员从事财务工作的基本技能。当代图书馆财务管理中，运用一系列的技术方法，形成了一整套科学、完善的财务管理方法体系，具体内容见下表5-1。

表5-1　我国当代图书馆财务管理方法体系的五大构成

方法体系	含义	重要性	工作步骤	技术方法
图书馆财务预测方法	图书馆财务人员根据历史资料，依据现实条件，运用特定方法，对图书馆未来的财务活动和财务成果所作出的科学预计和测算	①图书馆财务决策的基础； ②图书馆编制财务计划的前提； ③图书馆日常财务活动的必要条件	①确定预测对象和目标，制订预测计划； ②收集、整理相关的信息资料； ③选择特定的预测方法进行实际预测； ④对初步的预测结论进行分析评价及修正，得出最终预测结果	①定性预测法； ②定量预测法
图书馆财务决策方法	财务人员在财务目标的总体要求下，从若干个可供选择的财务活动方案中选择最优方案的过程	财务管理的核心，直接关系到图书馆财务管理的质量	①根据财务预测的信息提出问题； ②根据有关信息制定解决问题的若干备选方案； ③分析、评价、对比各种方案； ④拟定择优标准，选择最优方案。	①优选对比法； ②线性规划法； ③损益决策法
图书馆财务计划方法	在一定的时期内以货币形式反映图书馆业务及经营活动所需的运营管理经费及其来源、财务收入和支出、结余及其分配的计划	①财务预测和财务决策的具体化； ②控制图书馆财务活动的基本依据	①根据财务决策的要求，分析主客观条件，全面安排计划指标； ②对需要与可能进行协调，实现综合平衡； ③调整各种指标，编制出计划表格	①平衡法； ②比例法
图书馆财务控制方法	在财务管理过程中，利用有关信息和特定手段，对图书馆的财务活动施加影响或调节的过程	①图书馆一切财务活动的出发点和归宿点； ②图书馆财务管理的行为导向	①制定目标； ②分解目标； ③实施调控； ④衡量效果； ⑤纠正偏差	①防护性控制； ②前馈性控制； ③反馈性控制
图书馆财务分析方法	根据有关信息资料，运用特定方法，对图书馆财务活动过程及其结果进行总结和评价的一项工作	①提高图书馆财务管理水平； ②促进图书馆财务管理目标的实现	①确定题目，明确目标； ②收集资料，掌握情况； ③运用方法，揭示问题； ④提出措施，改进工作	①比较分析法； ②比率分析法

第七章　当代图书馆服务管理

第一节　当代图书馆服务概述

一、我国当代图书馆服务的含义

图书馆充分利用管内资源向各类读者和用户群体提供文献和信息的一系列活动，即为图书馆服务。

图书馆服务烦琐、复杂，是一个长期的系统工程，其实质是以读者和用户的文献和信息需求为导向，确定图书馆建设方针、服务任务和服务目标，按照图书馆工作的特点和规律，准确把握用户群体的信息需求心理和阅读规律，通过不断地创造和完善服务方式，向社会传播知识，向读者和用户传递文献和信息，从而实现图书馆服务的目标。从这个意义上说，图书馆的一切活动都是围绕着为读者和用户服务这个中心展开的，图书馆的一切活动也都是图书馆服务的有机组成部分。

由此可知，当代图书馆服务研究领域十分广阔。它包括读者和用户的构成、读者和用户需求的界定，开展文献和信息资源建设与组织，根据读者和用户的阅读心理，读者和用户的需求及文献和信息资源的特点及利用方式的特点等，精心开展文献和信息资源的整序、组织及管理，并以此为基础，通过阅览、借阅、文献传递、馆际互借、参考咨询等各项服务开展读者和用户的服务工作。在数字图书馆服务领域，还需构建适合网络虚拟环境的服务功能和方式，开展网上数字化信息服务。

二、我国当代图书馆服务的特点

在新的时代，网络信息技术高度发达，互联网已成功走入千家万户，成为人们工作与生活的好帮手。它的入驻也在图书馆服务领域掀起了一场革新，使得当代图书馆的服务明显不同于传统图书馆服务，其鲜明特点如下。

（一）服务虚拟化

近年来，网络信息的普及程度愈来愈高，建立在虚拟馆藏资源和虚拟信息系统机制上的新型信息服务模式逐渐形成。这一虚拟化的服务模式，为图书馆的服务提供了一个动态、虚拟的信息环境，使其资源获取更为广阔、便捷，不再围绕着海量且繁杂的文献和信息资源。通过网络传输，图书馆既可以利用自有或自建的数字化馆藏资源，又可以利用电子邮件资源、FTP资源等多种互联网资源，这种无形的、即时的虚拟化信息服务有效地打破了时间与空间的局限，使图书馆能够随时随地为读者、用户提供优质的服务。由此可见，服务虚拟化主要有两大特点：①服务资源虚拟化，如信息资源的虚拟化；②服务方式虚拟化，如向虚拟读者提供服务。具体而言，服务虚拟化是向非具体化的读者和用户（甚至匿名用户）提供虚拟数字信息服务，这明显不同于过去向具体人群提供实体文献服务的传统图书馆服务。

（二）文献多样化

现代网络信息技术的迅猛发展，催生出更多的数字资源，这也使得图书馆文献信息表现的形式日益多样。现今，图书馆为读者、用户所提供的文献资源已形成了多种并重的格局，主要包括：印刷型文献与联机数据库、电子出版物、网络化信息资源等。文献载体多样化的发展不仅丰富了文献的表现形式（过去为纸质文献），也改变了人们利用文献的习惯与观念——追求丰富多样且使用快速、便捷的数字资源。同时，以现代视频技术为手段而大量涌现的数字视频信息资源，也为人们获取丰富的多媒体信息创造了条件。因此，文献多样化使得图书馆在文献保存、信息交流和教育的基础上极大地拓展了服务空间，文献服务保障能力得到极大提升。

（三）信息资源共享

随着网络信息技术的不断普及，图书馆信息服务的观念发生了巨大变化，人们逐渐从习惯于依靠自己所熟悉的一个图书馆获取信息服务，走向依靠图书馆联盟乃至基于共享技术整合在一起的泛在云图书馆获取信息资源。当代图书馆已然不再是单个闭塞的信息实体，而是整个社会信息网络中的重要节点。图书馆之间的信息共享服务有了越来越大的空间和自由，其交互需求与作用也愈加明显。共享思想与共享技术是推动信息资源共享服务形成与发展的两大动力，也促使信息资源共享服务成了当代图书馆的一大特色。

（四）服务个性化

近年来，人们的物质文化水平逐步提高，随之精神上的需求也呈现出了一系列变化，其中最为突出的是比以往更注重个性上的满足。这也为图书馆服务的发展指明了一个方向，即为广大读者、用户群体提供个性化的服务。为此，图书馆不断加强馆内人员的素质建设，在服务体系中引入网络信息技术，并不断改进、优化信息综合保障能力。也正是因为以上措施的施行，使得大众享受到了图书馆所提供的定制化、自助型、全天候的个性化服务。在这样的服务过程中，人们的自主性得到张扬、个性得到满足，因而对图书馆的喜爱与依赖程度愈来愈高，而这也是图书馆服务所极力追求的。为长久保持人们对图书馆的热爱，未来图书馆将在个性化服务领域做出更多探索。

三、我国当代图书馆服务的内容

在图书馆的各项工作中，围绕图书馆服务形成了一个内容丰富的完整工作体系。在这一体系中，最为关键的内容有五项，具体如下。

（一）开展图书馆服务的前提条件——研究读者和用户

读者和用户是图书馆得以存在的根本。他们对图书馆的文献和信息需求及阅读规律，正是社会需求的生动体现，是维系图书馆生机与活力的养分，更是图书馆所有工作的出发点和归宿点。由此可见，对读者和用户进行研究是非常有必要的。它有助于从总体上把握其需求的特点和规律，提高图书馆服务的针对性，并对其动机加以正确引导，不断改善和拓展图书馆服务的方式和服务领域，提高图书馆服务的质量与水平。

1. 研究读者和用户的文献和信息需求

研究读者和用户的文献和信息需求，主要是对各个层次的读者和用户的阅读需要、阅读目的、阅读过程中的特点及规律展开研究。人们对文献和信息的需求和阅读目的，受到其所处层次和所处时期的影响，一般而言，会随着层次和时期的不同而产生改变。此外，人们对于文献和信息的类型、获取渠道等也有一定的偏好，当代图书馆也应足够重视之。

2. 研究读者和用户的阅读规律

一般来说，研究人们的阅读规律可从以下两方面着手。

①研究其心理及行为规律，即对他们在鉴别、提取、利用文献和信息过程中的行为习惯和阅读规律进行研究。它既包括对其阅读动机、阅读兴趣、阅读能力、阅读习惯等心理活动的研究，也包括对其选择行为的分析、使用文献与信息类型的特点研究及阅读效果的评估等。

②研究其使用文献和信息的水平及获取文献和信息的意识，包括社会环境的变化与其对文献和信息需求结构的关系等。

（二）开展图书馆服务的基础——组织读者和用户

组织读者和用户，是开展图书馆服务的基础，它的主要任务是读者和用户队伍的组织与发展，包括确定为读者和用户服务的范围与服务重点、制订读者和用户发展规划与计划、定期发展与登记读者和用户、划分读者和用户类型、掌握读者和用户动态、组织与调整读者和用户队伍等。

这一项工作的推行具备一定的难度，图书馆需根据任务和环境的变化做出灵活调整，以便实时分析、把握读者和用户的变化。只有熟悉其阅读规律和阅读需求，才能不断改进、优化图书馆服务的管理方式和质量水平，更好地满足大众的多样化需求。

没有一定数量的读者和用户群体支撑的图书馆，往往会陷入举步维艰的窘境，闭馆将是其最终归宿。可见，发展读者和用户群体的重要性。拥有大量且稳定的读者、用户群体，是图书馆开展工作的基础。基础缺乏抑或是不牢固，图书馆的资源建设、服务管理等均无从下手，更谈不上传播文化，实现自身的社会价值。

通常来说，不同类型的图书馆在发展读者和用户的目标和措施上并不一致。如校园图书馆，其目标是全员普及，全校的教师、学生和其他工作者即构成了其读者、用户群，将他们转为化图书馆的使用者非常简单，利用其入职或入学前登记的信息统一办理即可，然后再将有一定权限的借阅账号信息和图书借阅证发放到个人手中；又如公共图书馆，它的目标群体是人民群众，任何有借阅需求的个人或团体都可主动向其提交注册申请，通过图书馆审核的人员，就成了图书馆的读者、用户，可在一定范围内行使自身的借阅权利。

受文化层次、年龄、工作任务等因素的影响，人们对图书馆服务的期望与要求呈现出多样化的态势，而这也对图书馆的服务提出了挑战。如何利用有限的图书资源、人员、管理经费，构建一个完善、优质的图书馆管理服务体系，以满足广大读者、用户的基本服务需求甚至个性化需求，正是当代图书馆所努力实践的方向和目标。就目前的实际情况来看，大部分图书馆都已构建起较为完善的服务体系，设计了差异化的图书馆使用权限，有效地满足了大部分读者和用户的服务需求。

读者和用户发展、细分、管理的成果一般都通过图书馆的读者和用户注册与身份认证管理系统固化下来。这既是了解读者和用户、研究读者和用户的重要资料，也是图书馆开展一切工作的数据基础，更是评价图书馆绩效、制定发展规划、进行服务与管理改革的重要基础。

（三）实现图书馆服务目标与社会价值的根本保障——科学组织各项服务

充分利用图书馆的各种资源，在深入研究和准确掌握读者和用户需求的基础上，通过组织开展多层次、多角度的全方位服务，最大限度地满足读者和用户的文献和信息需求，是当代图书馆服务的中心环节，也是图书馆实现社会价值和最终服务目标的根本。

图书馆服务是图书馆各项工作的外在表现形式，也是图书馆中最具活力、最富创造性的工作。组织各项服务的主要内容包括：优化读者和用户服务方式、扩大读者和用户服务范围、增加读者和用户服务内容和提高读者和用户服务水平等。一个图书馆以何种方式服务于读者和用户，主要取决于本馆的性质、规模及读者和用户的需求，且还需与时俱进，不断创新服务的内容和方式，以便更好地适应社会的变化，实现自身的价值。

图书馆的传统服务方式是根据读者和用户的实际需求，利用馆藏资源、馆舍设备及环境条件有区分地开展各项服务活动，包括外借服务、复制服务、检索服务、编译服务、展览服务等。由于读者和用户的需求具有广泛性、多样性和复杂性，几乎所有图书馆都根据自身特点，以这些服务方式为基础组织建立起多类型、多级别的综合服务体系，以有效地满足各类读者和用户对文献和信息的不同层次需求，帮助读者和用户解决在学习、研究、工作中选择书刊、查询资料及获取知识信息方面的各种具体问题。

随着网络的普及和计算机技术在图书馆中的广泛应用，当代图书馆的服务方式由传统的服务转向了现代化数字图书馆服务。因此，充分利用网络为读者和用户提供服务已经成为当代图书馆的主要服务方向。其服务主要涵盖了以下方面：资源检索、文献下载、虚拟参考咨询、资源导航、移动阅读、个人学习空间、信息的实时沟通与交流等。

总而言之，图书馆在组织各项服务时应以自身实际情况为依据，充分利用、适应社会发展的规律特点，以最合理的投入，为大众提供最优化的服务。

（四）改进、优化图书馆效能的有效途径——组织宣传辅导活动

组织宣传辅导活动是图书馆教育职能的体现，具体而言，主要体现在以下三方面。

1. 读者和用户宣传

读者和用户宣传是实现图书馆科学管理的一大途径。其主要目的是：通过对读者、用户阅读需求与阅读规律的熟练掌握，主动向其揭示、推荐信息资源的形式与内容，宣传先进思想、职业技术及广泛的知识文化信息，借助丰富且多样的宣传渠道和形式，向他们展现出实用且新颖的数据资源，以引起他们对图书馆的关注，从而走进图书馆享受海量的资源和优质的服务，将图书馆资源盘活，并充分释放其效力。

2. 读者和用户辅导

读者和用户辅导是指针对不同读者和用户的具体情况，有区别地为其答疑解惑、排忧解难。读者和用户辅导需要图书馆馆员充分掌握信息资源的特点，熟悉图书馆各项服务流程，了解读者和用户行为习惯和信息需求心理，在读者和用户利用图书馆各项服务的过程中，积极影响其选择阅读的范围，引导他们正确地选择信息资源内容，帮助他们学会利用信息资源和图书馆其他资源，有针对性地为每位读者和用户提供帮助和信息技能指导，以促进读者和用户更好地获取知识，提高阅读能力及阅读效果。

3. 读者和用户培训

读者和用户培训是指根据不同的读者和用户群体的共性需求，通过开展讲座、参观、课堂教学等方式，帮助某读者和用户群体提高其使用图书馆资源的技能，提高图书馆资源的利用率。一般而言，可从以下两方面着手。

①培养其情报意识，激发他们利用图书馆资源的欲望，使他们自觉地认识到图书馆是终身学习的场所。

②提高其利用图书馆资源和检索情报的技能，帮助他们学会利用图书馆资源，充分发挥图书馆的教育职能和情报职能，吸引更多的读者和用户开发和利用图书馆资源。

（五）实现图书馆任务的制度和组织保障——加强图书馆服务管理

加强图书馆服务管理是指对图书馆读者和用户服务工作部门的业务工作进行科学的组织管理。具体包括：制订读者和用户发展的政策和计划、服务机构设置、岗位设置人员配置、明确岗位责任、构建全面完善的规章制度、人员分工与业务流程设计优化、合理组织藏书、改进服务手段、采用先进的设备与技术手段、优化服务体制等工作。加强图书馆服务管理有利于为读者和用户创造良好的阅环境和条件，方便读者和用户有效利用图书馆资源，保证图书馆服务与时俱进，实现创新发展。

第二节　当代图书馆服务原则

一、开放原则

早在200多年前，随着公共图书馆的大量兴起，图书馆就已向社会大众普遍开放，凸显出开放式服务的特色。虽然当时的开放程度远比不上现今的开放服务，但它已然初具规模，是当代图书馆开放服务发展与完善的重要基础。实际上，当代图书馆的开放服务，正是对过去开放服务在形式和内容上的延伸和扩展。具体表现在以下三方面。

1. 资源开放的全面性

资源开放的全面性，指将图书馆中所有的文献资源储备和一切能够正常使用的服务设备全部开放，使全体图书馆馆员能够直接或间接为读者和用户服务。

2. 时间上的全天候开放

在图书馆的服务宗旨中，包括这一项内容——最大限度地为读者和用户提供使用图书馆的便利条件。目前，经济发展水平较高的某些国家和地区的公共图书馆，已做到了全年开放且整日开放。而这一做法，也逐渐蔓延至全球其他地区，我国自然也不例外。现今一些24小时开放的图书馆如雨后春笋般在全国各个地区涌现，给予了广大市民极大的便利。

3. 图书馆馆务信息公开

图书馆馆务信息公开，即图书馆将与读者、用户服务相关的所有信息均毫无隐瞒地向大众公开。主要涵盖如下内容：图书馆工作的内容、职能机构设置、图书馆业务范围内的工作流程、具体的职责范围；公众参与图书馆管理的制度；涉及读者和用户的管理规定；受理投诉的部门和举报电话；对外服务的电话、电子邮箱等联系方式；图书馆工作的评价标准等。

二、平等原则

平等是所有人所共同追求的目标，是人类终极理想之一。作为人类知识与信息宝库的图书馆在推动社会的平等上是责无旁贷的，它是体现人类自由与平等理想的圣地。因而，图书馆服务理应遵从平等原则，以宽广的胸怀给予每一位读者和用户充足且平等的关心、爱护和尊重，坚决维护他们合理的阅读需求，争取为人人提供平等的服务。

现今大多数图书馆，都奉行“图书馆面前人人平等”“读者的权利不可侵犯”等平等的服务理念，着力为大众构建一个和谐、友爱、温馨、平等的知识信息园地，引导人们主动行使自身的阅读权利。

三、方便原则

方便原则（也称便利原则），主要指图书馆开展服务时以为读者和用户提供方便为目标，在确保其接受服务的质量和效果优良的条件下，最大限度地节省其时间和精力。

①图书馆应建设在交通便利处，以方便读者和用户出行。

②馆藏资源要方便读者和用户使用：A.提供方便、快捷的检索方式，使读者和用户能快速检索到所需的文献信息资源；B.馆藏资源摆放需科学、合理，且在馆内设置醒目的指示标志，方便人们挑选、获取。

③提供简单、便捷的服务设施，让读者和用户使用起来更加便利，无须经历过多的钻研就可掌握其使用方法。

④简化服务的手续，图书馆应是面向人人的知识圣地，因此要尽可能使服务流程和手续简单、便捷，以方便各个层次的人群办理。

四、满意原则

无论何种服务，其最终目标无外乎是令客户、使用者满意。图书馆服务也是如此，如何让广大读者和用户满意当前的服务正是当代图书馆所奋力追求的。人们对图书馆服务满意与否，通常受到诸多因素的影响，具体包括如下几种：

①文献和信息资源的储备情况，如文献种类是否丰富、信息资源更新是否快速等；

②图书馆设施的完备程度，如基本设施是否齐全、设备使用是否流畅；

③图书馆整体环境状态，如书籍、桌椅是否陈设有序，地板、桌面、书柜是否干净整洁；

④馆内人员的服务态度；

⑤馆内人员的业务能力，如能否快速解决读者和用户提出的问题；

⑥其他，如图书馆功能是否完善，能够为读者和用户提供下午茶、饮用水、简易午餐、图书配送等服务。

根据以上各项因素，可知影响读者和用户对图书馆服务满意度的主要是服务的质量。不同的读者和用户对服务质量的高低往往有着不同感受，当代图书馆要想获得更多人的满意，就必须不断优化服务手续和流程，将各项服务工作落到实处。如定期对馆内人员进行服务态度和业务能力的培训，打造一支高素质、高水平的服务团队；如定期更新维护馆内设施设备，确保使用的流畅度；等等。

五、科学服务原则

科学服务原则即在不违背图书馆各项工作规律的前提下，以科学的思想理念、科学的服务态度、科学的方法和科学的管理措施组织管理一切读者和用户服务工作，以便于最大限度地满足读者和用户的合理需求，

（一）科学的思想理念

科学的思想理念，就是指在图书馆服务工作中，始终坚持开放服务的思想和以人为本的信念，并以之为指导，以方便读者和用户、服务读者和用户为宗旨，以开放的读者观、用户观、时空观、功能观为指南，以更加人性化、个性化、专业化、多层化、智能化和虚拟化的服务来满足读者和用户多样化的信息需求构建当代图书馆知识化、开放化服务的思想体系。

图书馆服务涉及范围极广，需要处理好与相关单位、组织、团体及个人的关系，如政府、供应商、设备维护公司、物流配送公司、读者和用户等。在服务开展过程中，稍有差错就可能引发各种矛盾，因此在科学的思想理念中，全局观念也是必不可少。它有利于处理各项矛盾，减少、减弱由服务中差错所带来的负面影响。

（二）科学的服务态度

科学的服务态度就是实事求是，一切从实际出发，讲究实效而不拘一格的态度。无论是图书馆资源布局、机构设置、制度设计，还是工作流程、服务项目增减，都真正体现一切为了读者和用户，一切方便读者和用户，一切为了充分利用图书馆资源的服务精神。

（三）科学的方法

科学的方法是指在图书馆服务工作中形成的一整套先进、实用、有效的理论与方法，并在实践中逐步使之优化、完善。图书馆管理理论与方法的科学性程度直接影响着它的工作成效和服务水平。例如通过改变以往单一的馆藏文献外借与内阅的服务模式，利用现代网络平台，提供各种数据库服务、在线或离线信息服务，如信息推送、网络呼叫等。采用这些科学先进的服务方法，能够同时提供实体馆藏服务与虚拟馆藏服务，极大地丰富了图书馆服务的内容，强化了图书馆服务的能力。

（四）科学的管理措施

科学的管理措施即在先进理论的指导下，采用科学合理的管理制度、先进的技术设备和服务手段所提供的服务。

科学的管理措施，是顺利开展图书馆服务工作的基础。科学的管理措施总是根据服务工作的需要，在不断调整、修正和创立中发展的。例如在图书馆中投入大量科学技术含量极高的设施后，原有的工作流程、规范和规章制度的不适应性愈加明显，这时，科学的管理措施要求当代图书馆全面审视以往传统的理论和方法，通过流程再造和制度创新，真正提高服务工作效率和服务工作效果。

第三节　当代图书馆服务管理体系与实践

一、当代图书馆外借和阅览服务管理

（一）图书馆外借服务管理

1. 什么是外借服务

图书馆服务中最古老、最根本的一项服务就是外借服务。这是图书馆提供的允许读者和用户将图书馆馆内藏书和其他类型的文献带出图书馆使用的服务。一般来说，读者和用户想要获得图书馆的外借服务，必须满足以下要求：

①向图书馆提交借阅资格申请，填好相关信息，成为图书馆的注册会员；

②向图书馆提供一定担保，如缴纳保证金或出示特定身份证明等；

③履行借阅手续，遵守外借规定，如保证好图书的完整性、按时归还等。

2. 外借文献的管理方式

现今，国内外图书馆一般通过以下三种方式对外借文献进行管理。

①开架式管理方式：它是时下最为风靡的文献外借方式，允许人们与之直接触碰，根据自身需要自如地查看、挑选。

②半开架式管理方式：读者和用户可以看到这些文献，但不能直接与之接触，待办理好相关借阅手续获得借阅权后方可翻阅。

③闭架式管理方式：读者和用户只能通过检索的方式获取与文献相关的信息，办理好借阅手续后才可以接触到此类文献。

以上三种外借文献的管理方式，普遍运用于我国各大图书馆中，一般而言，对于存量较多、年代较新的文献可采取上述①和②的管理方式；而对于特种图书则可采取上述③的管理方式，但究竟采取何种方式，目前并未形成统一的严格规定，各图书馆可根据自身的实际情况及文献的存量、内容、特点等合理选择外借管理方式。

3. 外借文献的服务类型

对于那些已经明确可以外借的文献，图书馆的外借服务类型比较丰富，具体包括以下几种类型。

①个人外借：指读者和用户以个人身份独立进行的借阅活动，需要将文献外借的个人带上本人的借阅证到自助借阅区或者人工服务台办理相关借阅手续。

②集体或单位组织外借：专为相关企业、行政单位或具有团体性质的服务对象设立的一种文献外借服务类型，对于此类与图书馆建立了长期借阅关系的群体组织，可以给予他们一定的优惠政策，如将借阅数量、借阅种类、借阅时间等适当放宽。

③馆际互借：为丰富馆藏，满足人们多样化的文献需求，各图书馆之间达成某种协议，给予双方读者和用户同等的文献借阅服务。

④图书预借：对已经外借的文献，读者和用户可以通过预约，提前预订好文献的后续使用权，减少无谓的奔波和等待时间。

⑤流动外借：通过流通站、流动车、送书上门等形式，满足读者和用户的外借文献需求。

（二）图书馆阅览服务管理

图书馆阅览服务（也称内阅服务），指图书馆利用自身的文献资源和空间设施提供给读者和用户在图书馆内阅读的服务活动。这一服务也是图书馆服务中的重要构成之一。现今，图书馆的外借服务与内阅服务之间的关系愈加紧密，几乎已融成一体，很多在馆内无法完成阅读的文献，读者和用户常常选择将其外借，以便于继续研读。一些图书馆的外借区也兼具着阅览室的功能。当前最流行的图书馆文献服务方式就是“藏、借、阅”一体化的服务方式，这一方式可被人们称作一站式服务。此种服务方式，是图书馆以人为本服务理念的生动体现，给予了读者和用户在文献选择、外借和阅读方面极大的自由度。为求给读者和用户提供更为优质的阅览服务，图书馆应尽力做到如下几点。

1. 提供安静、舒适的阅览环境

①阅览室中容纳人数不可过多，阅读者过多往往会造成阅读环境拥挤、吵闹、空气不流通等。

②阅览室中的桌椅应精心挑选，以符合人体曲线设计的桌椅为佳，尽可能让阅读者使用起来更为舒适。

③阅览室内应明亮、宽敞，配备于人体视线有益的照明器材。

④在阅览室内增设绿植，以便于舒缓阅读者身心上的疲劳。

⑤保证空气清新、环境整洁，阅览室应定期打扫清理，温度适中时尽量将所有窗户打开，保证室内的通透性。

2. 保证阅览时间

大部分学生和上班族，往往只有节假日或者其他空余时间才能够走进图书馆享受阅读服务，因而图书馆阅览时间对于他们来说非常重要。当然，其他人员也相当关注阅览时间，图书馆的阅览时间越长，他们展开阅读活动的自由度也就越大。若能够最大限度地满足各类人群的阅读需求，为他们提供全天候的阅览服务，他们对于图书馆服务的满意度也将更高。因此，现今越来越多的图书馆在节假日也正常开放，有的甚至全年无休，整日整夜地开放。

3. 保证文献资源的数量和质量

鉴于阅览室是广大读者和用户最常使用的地方，图书馆对阅览室的文献资源安排应从数量和质量上予以保证。

①所谓数量，是指文献资源的种类要齐全，要有一定的复本量，以保证读者和用户的使用。

②文献资源要丰富，文献的时效性要强。

③定期检查文献是否完好无缺，有缺损的应及时妥善地修补，而那些过

于老旧且破损较严重的文献，应果断淘汰换新。

4. 平等阅览服务的方式

图书馆属于公益性服务组织机构，因而要充分发挥其公益服务的性质，平等地对待所有有阅览需求的民众（残障人士除外），不可设置差异化的阅览区域（如为某群体开辟特殊的阅览区域）。

二、当代图书馆参考咨询服务管理

参考咨询服务是图书馆工作人员对读者和用户在利用文献和寻求知识、情报方面提供帮助的工作，它以协助检索、解答咨询和专题文献报道等方式向读者和用户提供事实、数据和文献线索，其实质是以文献为根据，通过个别解答的方式，有针对性地向读者和用户提供具体的文献、文献知识和文献途径。近年来，大多数图书馆在馆内皆已设立了独立的参考咨询服务部门，并配备好了足额的专业人员和专业检索设备，以提高参考咨询质量，快速、高效地完成读者和用户对于文献和信息的基本需求，甚至特殊需求。

（一）参考咨询服务的特点和作用

1. 参考咨询服务的特点

参考咨询服务在图书馆各项服务中是一种深层次的服务，其主要体现特点如下。

①具备较强的专业性。参考服务是建立在对图书、情报信息等的理解与熟悉基础之上的，没有一定专业知识贮备的人员很难提供这项服务。

②服务的内容和形式多样。图书馆每日需接纳大量的读者和用户，且来自各行各业，因而他们常常提出不同的问题，这些问题涉及范围广、种类多、层次深。

③具有较强的实用性。一般而言，读者和用户提出的问题正是他们当前所碰到的难题，均需要及时解决，以便于继续开展后续借阅或阅览等活动。

2. 参考咨询服务的作用

参考咨询服务工作的有效开展，对图书馆其他各项服务有一定积极作用，主要体现在以下三方面。

①有助于图书馆情报功能的发挥：图书馆情报功能指的是将无序的文献

和信息整理成有序的、有价值的、有针对性的文献和信息，然后将其提供给有需求的读者和用户。

②促进馆内文献和信息的开发：参考咨询服务部门的人员在开展工作的过程中，需深入了解馆内的所有文献和信息，熟悉其内容和特点，使之成为更加有用的或更方便使用的文献和信息形式，这正是对其的进一步开发，且随着服务水平的提升，馆内文献和信息的开发程度会愈高。

③提高馆内文献和信息的利用率：借助参考咨询人员所提供的各项专业化、针对性的服务，读者和用户可快速了解馆内文献和信息的大致内容，从而更频繁、更高效地利用这些资源。

（二）参考咨询服务的内容

图书馆的参考咨询服务，涉及形形色色的问题，有的简单、有的复杂，是一项既简单又复杂的工作，其主要内容如下。

①图书馆的服务指引工作：作为一名合格的参考咨询服务人员，准确、快速地回答读者和用户的基本问题是必须具备的基础素质，如图书馆的具体位置、图书馆馆内文献的陈设规律、某部门的负责人及联系方式、图书馆中的机器设备分布区域、图书馆的整体布局等。

②图书、期刊等馆藏资源的定位和咨询：图书馆内拥有海量的文献、信息资源，因此很多读者和用户常常找不到自身所需的内容，也有的人时间紧迫、精力有限，不愿意花费过多时间去寻找，无论何种原因，当他们向参考咨询服务人员提出帮助的请求后，相关服务人员应尽力帮助其解决问题，如告知他们文献所在的详细位置或者直接带领陪同他们去寻找。

③检索设备的使用指导：定期或不定期向大众普及检索设备的知识，并给予读者和用户使用方法上的指导，帮助他们熟悉各项设备的使用诀窍，引导他们养成自助服务的意识和技能。

④专题性参考咨询服务：对于较专业化的课题或研究项目，需要图书馆提供专题性参考咨询服务的，参考咨询部门应与相关组织或个人协商好服务工作的开展流程，为其提供更为全面、精准的参考咨询服务。

⑤读者和用户咨询工作的反馈总结：对于一些频繁遇到的或人们较为关注的问题，参考咨询服务部门应定期进行总结分析，建立反馈信息表，为以后的咨询工作奠定基础。

（三）参考咨询服务的方式

①设立咨询服务台：在图书馆入口处或其他醒目位置设立咨询服务台，配齐、配好咨询人员。

②建立FAQ（Frequently Asked Questions）检索系统标识版面：在图书馆馆内相应位置设立常见问题回答版面，根据反馈信息及时公布回答结果。

③电话咨询：开通馆内咨询服务电话，并将电话号码广而告之，在图书馆开馆时间内确保线路畅通。

④网络咨询：借助专业的系统软件，如微信、微博、QQ等构建多个网络咨询平台，并由专人负责对接，保证及时、准确地回复广大读者和用户的问题。

三、当代图书馆文献检索服务管理

文献检索有广义和狭义之分，广义的文献检索是指将信息按一定的方式组织和存储起来，并根据读者和用户的需要找出有关信息的过程；狭义的文献检索并不包括信息的组织和存储过程，它主要代指的是信息的查找。而图书馆基础服务中的文献检索服务，正是后者，其服务的主要目的是给予读者和用户最大限度的帮助，使他们能够快速、准确的定位自身所需的文献和信息内容及所在位置。同时，还可以为读者和用户提供最新的知识背景，使读者和用户花费最少的时间了解最多的信息资讯，并可以跨越语言和专业的限制，对其他国家和领域的文献做深入了解。

（一）文献检索需要运用的语言

文献检索语言是一种具有统一标准、用于信息交流、用来描述信息源特征和进行检索的人工语言，是专门为了文献的加工、存储和检索工作所编制的。文献检索语言在信息检索中是不可或缺的，它是连接信息存储与信息检索的纽带。在信息存储过程中，用它来描述信息的内容和外部特征，从而形成检索标识；在检索过程中，用它来描述检索提问，从而形成提问标识；当提问标识与检索标识完全匹配或部分匹配时，结果即命中文献。

依据原理的不同，可将文献检索语言划分为以下四类。

（1）分类语言

分类语言是指以数字、字母或数字与字母结合作为基本字符，采用字符直接连接并以圆点（其他符号也可）作为分隔符的书写法，以基本类目作为基本词汇，以类目的从属关系来表达复杂概念的一类文献检索语言。目前，较具代表性的分类法有《国际十进分类法》《国际专利分类表》等。

（2）主题语言

主题语言是指以自然语言的字符为字符，以名词术语为基本词汇，用一组名词术语作为检索标识的一类文献检索语言。以主题语言来描述和表达信息内容的信息处理方法称为主题法。主题语言又可分为标题词、叙词等。

（3）代码语言

代码语言是指对事物的某方面特征，用某种代码系统来表示和排列事物概念，从而提供检索的一类文献检索语言。

（4）自然语言

自然语言是指在文献中出现的任意词。

（二）文献检索的步骤

文献检索是一项实践性活动，它要求图书馆馆员在掌握文献检索规律的情况下，利用文献检索语言在可获得的馆藏文献和非馆藏文献中迅速、准确地查找读者和用户所需要的文献。具体而言，一次完整的文献检索服务应包含以下四个步骤。

第一步：了解读者和用户对所需文献的具体要求，以及其查找目的；

第二步：选择合适的检索工具；

第三步：明确检索途径和方法；

第四步：根据文献线索查阅原始文献，再根据要求提交文献检索结果。

（三）文献检索的途径

文献检索途径即运用何种方式完成检索任务，在实际检索服务过程中常运用的方式主要包括如下几种。

①著者途径：通过著者、编者、译者、专利权人的姓名或机关团体名称字序进行检索。

②题名途径：如利用文献的书名、刊名等进行检索。

③分类途径：以学科分类为基础，从学科所属范围来查找文献，如借助

分类目录、分类索引等进行检索。

④主题途径：通过主题目录或索引，可查到与该主题或索引相关联的所有文献和信息。

⑤引文途径：利用文献所附参考文献或引用文献而编制的索引进行检索。

⑥序号途径：通过文献特定的序号，如专利号报告号、合同号、标准号、国际标准书号和刊号等进行检索。

⑦代码途径：利用事物的某种代码编成的索引，如环系索引、分子式索引，可以从特定代码顺序进行检索。

⑧专门项目途径：从文献所包含的名词术语、地名、人名、机构名、商品名、生物属名、年代等进行检索。

（四）文献检索常用的方法

1. 直接法

直接法也称常用法，指直接利用检索系统（工具）检索文献的方法，此法又可进一步细分成以下三类方法。

①顺查法：指循着时间的顺序，由远及近地利用检索系统进行文献信息检索，此方法能收集到某一课题的系统文献，常用于一些范围较广的大型课题的文献检索。

②倒查法：由近及远，从新到旧，逆着时间的顺序利用检索工具进行文献检索，此方法的优点是可快速获取到时下最新的数据资料。

③抽查法：指针对项目的特点，选择有关该项目的文献信息最可能出现或频繁出现的时间段，利用检索工具进行重点检索。

2. 追溯法

追溯法是指从已有的文献后所列的参考文献入手，逐一追查原文（被引用文献），再从这些新查到的原文后面所附的参考文献再逐一追查、不断扩检的检索方法。它的延伸范围非常广阔，可依据文献间的引用关系，获取到更为全面、系统的检索结果。

3. 循环法

循环法，也被称作分段法、综合法，即将直接法和追溯法有机地结合起来进行检索，其特点是结合了上述1和2的优点，使检索工作更为顺畅。

在检索时，通常不必拘泥于某种特定的方法，可综合使用多种方法完成检索，以保证较高的检索速度和准确率。

四、当代图书馆文献传递服务管理

（一）文献传递服务的含义和作用

1. 文献传递服务的含义

文献传递服务是早期图书情报机构作为馆际互借的一种手段出现在图书馆服务中的，是一种重要的资源共享方式。简而言之，文献传递服务即将特定文献从文献资源传递给特定用户的一种服务。现今，大众所了解或享受到的文献传递服务是随着信息技术的推广与普及而逐步兴起壮大的，其显著特点为简便、快速、高效。

2. 文献传递服务的作用

①丰富图书馆馆藏，有效弥补了某类文献、信息缺乏的问题。受资金紧缺、渠道有限等客观因素的限制，大部分图书馆往往难以满足读者和用户对文献和信息的所有需求。但为了最大限度地满足他们的合理需求，提高其对于图书馆服务的满意度，可推出文献传递服务。通过这一简便、易行的服务方式，读者和用户可快速获取到自身所需的文献和信息。

②增加图书馆收入，有助于缓解图书馆运营管理经费不足的困境。经费不足，几乎是所有图书馆都会遇到的问题，它也是制约图书馆扩展速度的主要因素，长期困扰着各大图书馆。尽管我国党和政府十分关注图书馆事业的发展，也投入了大量的财力，但分摊到各个图书馆的却有限，依旧无法满足各图书展扩意愿。因此，如何从现有的服务中获得最佳的经济效益，以推动图书馆整体的发展也是各图书馆所极力追求的。而文献传递服务一般是有偿的，可在合理的范围内收取一定的服务费用，对图书馆的创收是有益的。

（二）当代图书馆文献传递服务管理中存在的问题

1. 受图书馆传统管理观念的影响

受图书馆传统管理观念的约束，图书馆传递服务从形成至今一直未取得实际性的进展。当前，纸版书刊的开销依旧占据着很多图书馆经费花销的大头，仅有一小部分用于文献传递服务的拓展和升级。此外，一些地区仍旧将馆藏实物书刊数量当作衡量图书馆级别、服务效果的重要指标，这势必会一定程度地制约文献传递服务的建设发展。

2. 受读者和用户的态度影响

近年来，读者和用户对于文献传递服务的需求呈现出逐渐下降的态势。随着文献传递频率的减少，让本处于发展期的文献传递服务“雪上加霜”，需要克服各种压力，才能坚持改进、完善文献传递服务。

3. 受到互联网的挑战

新的时代，互联网大量普及，各种线上、“线上+线下”的服务模式层出不穷，使得以线下服务模式为主的图书馆文献传递服务变得被动。随着各种情报机构和信息服务机构服务的网络化，人们获得文献和信息的渠道大幅度拓宽，诸如期刊网等学术类数据库的涌现，均对图书馆文献传递服务有着较强烈的冲击。

4. 受知识产权保护的约束

随着时代的发展，我国的知识产权制度越来越全面、完善，人们对知识产权的关注度也与日俱增，稍有不慎就有可能被当事人或者群众举报，从而对图书馆产生一系列消极的影响。如何在不侵犯他人知识产权的前提下，尽可能多地为读者和用户提供多样化的文献、信息资源，正是当前图书馆文献传递服务所思考的方向，若要两全，图书馆仍需持续探索。

（三）当代图书馆文献传递服务优化发展的主要对策

1. 转变观念，创新服务思想

图书馆若要实现文献传递服务方面的大发展，必须先破除传统观念所带的思想禁锢，重新审视文献传递服务在图书馆服务中的地位和价值。图书馆在合理利用现有经费扩充馆藏资源的同时，应着力改变馆藏资源的形式，借助文献传递服务方式来丰富馆藏资源。现今，一些经济发展程度较高的国家和地区，已走在文献传递服务革新的先列，他们大力推广区域性、全国性的文献传递活动，并构建了较为完善、先进的图书馆馆际互借与文献传递服务系统。这一做法，非常值得我国图书馆效仿。此外，图书馆评估体系也应作出的相应调整，如从重视贮藏类型和数量的多少转变为关注提供服务的数量和质量等。

2. 加强文献传递服务的宣传工作

为推进我国图书馆文献传递服务的发展，适当的宣传是非常必要的，通过宣传工作的开展可增进广大民众对该服务的理解，一旦出现类似的需求时，他们便会向图书馆寻文献传递服务。而从事文献传递服务的人员，应及时按照读者和用户提供的要求进行检索、传递，尽可能又快又好地完成任务。

3. 加强与文献出版者的联系

众所周知，公民的合法权利神圣不可侵犯，图书馆在为读者和用户提供文献传递服务时，无论是有偿的，还是无偿的形式，都不可损害创造者的权益。为防患于未然，图书馆在开展文献传递服务之前应与文献出版者充分沟通，未达成一致的合作协议时，绝不可贸然将文献进行传递。若条件允许，可以尝试用各种方法充实馆藏以满足出版者的利益，把知识产权保护渗透到文献传递服务中，使知识产权保护与文献的正常使用有机结合起来。

4. 充分利用网络信息快速发展的机遇

充分利用网络信息快速发展的机遇，将文献传递服务推向一个新的高度。现今，市面上涌现了大量的电子书、电子期刊，这对图书馆的文献传递服务造成了不小冲击。对于此，图书馆应当引起警惕，极力寻求新的变化，如将新技术引入文献传递服务中，打造更为合理、便捷的操作平台，将各大图书馆与读者和用户紧密地联系在一起，以方便信息的交流与传递，及时、快速地满足读者和用户对文献的需求，提高文献贡献的效率和频率。

五、当代图书馆个性化信息服务管理

（一）个性化信息服务的内涵与特征

个性化信息服务是指图书馆根据读者和用户对信息需求的特点，在现代化信息技术和数字化信息资源的基础上，为其提供的定向化信息服务。此种服务的实现方式有二：①读者和用户根据自身的兴趣、爱好和需求定制自己所需要的文献和信息服务；②图书馆作为文献和信息的提供者，通过对读者和用户查询文献和信息的个性化行为特征进行全面分析，对文献和信息进行收集、整理和分类，主动向读者和用户提供个性化服务。

个性化信息服务是一种践行“以人为本”服务理念的差异化服务，不同的读者和用户所接受到的服务方式、服务内容皆是不相同。相较于图书馆中其他类型的服务，它凸显出一些显著特征，具体如下。

（1）服务对象个性化

个性化信息服务是以读者和用户为中心的主动服务，与过去被动式的服务方式有着明显的不同。它以每一个服务对象的个性化需求为基础，为其提供针对性的服务，如采取不同的服务方式、反馈不同的文献和信息资源等。

（2）服务内容个性化

个性化信息服务提供的是各式各样且独具特色的服务。相较于过去千篇一律的被动式服务，它更具针对性，是一种“读者和用户需要什么，图书馆就提供什么”的新型服务方式，给予了读者和用户在文献和信息选取上的极大自由，有助于提升他们对图书馆服务的满意度。

（3）服务方式个性化

个性化信息服务是一种智能化的服务。在整个图书馆个性化信息服务的过程中，所有环节都是依靠信息技术实现的。且读者和用户还可以依照自己的喜好和习惯选择服务方式，可供挑选的服务方式有Web数据库技术、Agent智能推送等。

（4）服务时间、空间个性化

随着互联网技术的成熟，图书馆信息服务已经突破了时间和空间的局限，只要有网络，读者和用户就可随时随地享受到图书馆的服务。

（5）服务方式互动化

个性化信息服务的发展方向是不断增强图书馆与读者和用户的互动性，使其既能提供足够的弹性空间，实现读者和用户自己创建自己的信息集合的功能，还能够通过此相互交流的模式，为读者和用户创造机会，方便他们对数据、信息或知识的价值进行评估。

（二）当代图书馆个性化信息服务发展的必要性

1. 适应变化着的读者和用户需求

在网络技术高度发达的今天，时间和空间不再是人们获取文献和信息的障碍，而是面对着海量的资源时如何抉择。为适应这一变化，图书馆必须转移文献和信息服务重心，即从以我为中心的被动服务向以读者和用户为中心的主动服务转变，唯有如此才能紧跟时代发展的步伐，为图书馆自身的发展创造条件。

2. 图书馆整体服务水平和服务质量提升的需要

随着社会的繁荣发展，人们对于个性化的需求空前高涨。而图书馆所提供的个性化信息服务正是为了满足读者和用户对于文献和信息的个性化需求所作出的主动改变，若这一服务能够较大程度地使其满足，那么他们对图书馆整体服务水平和质量的满意度也将随之提升。

3. 图书馆升级转型的需要

受互联网的冲击，图书馆需面对的竞争对手日益增多，除了同行之外，还有联机检索机构、出版社等，他们都可为大众提供文献和信息服务。这也给图书馆敲响了警钟，若不能尽快升级转型，当前和未来的市场都将被对手侵占。而开展个性化的信息服务，有助于形成图书馆自身特色的服务项目，创立属于本馆特色的服务品牌，从而引起大量读者和用户的关注，更好地与其他竞争者抗衡。

（三）当代图书馆个性化信息服务的服务方式

1. My Library个人图书馆服务方式

My Library是一个以读者和用户为中心、读者和用户可操作的、个性化收集数字资源的一个门户，读者和用户从图书馆网站所提供的全部数字资源里选择自己需要的文献和信息，然后存储在My Library中，当后续再一次访问My Library时，可轻松获取之前已经选择好的信息内容。此系统的目的是通过允许读者和用户选择定制自己所需的文献和信息并自己进行文献和信息的组织，减少文献和信息的重复查阅和筛选。

My Library是一个图书馆提供的由读者和用户需求驱动的可对特定图书馆的文献和信息进行个性化定制的个性化服务系统，也是图书馆提供给读者和用户检索、利用本馆文献和信息的一个门户，应用此系统的目的是为读者和用户创建基于特定馆藏资源的个性化资源与服务集合，减少信息过载。该系统的主要功能如下。

①门户功能：主要负责读者和用户身份的认证、个人定制信息的收集、读者和用户行为的记录和分析、读者和用户喜好的页面样式风格设定等。

②链接功能：包含读者和用户收录与选取的各种本馆数字资源及服务链

接、互联网资源及其访问入口等。

③更新功能：系统定期对读者和用户自行设定的某些关键词或链接进行检测，一旦检测到新的内容，就会向读者和用户发出最新信息提示，帮助他们及时掌握相关领域或学科的最新动态。

④存储功能：系统分配给每个注册者一定的网络物理存储空间，供其保存和管理个人数据或在文献和信息在找过程中收集到的互联网资源。

⑤信使功能：向读者和用户发送信息，实现图书馆与读者和用户的双向沟通。

2. 信息推送服务——基于RSS（Really Simple Sndication）功能的新信息传播媒体的服务方式

该方式在实现个性化主动式信息服务的过程中，运用Internet推送技术，充分体现了“信息找人”的主动性信息服务理念。由系统软件或人工根据读者和用户的预留信息，定期对资源进行有目的的搜索，并对结果进行组织、加工和分类，处理好的结果经由电子邮件、频道热点推送等途径传递给读者和用户。其中，功能性比较好的是基于RSS功能的服务。RSS是一种基于可扩展标记语言（Extensible Markup Language，XML）的网站内容交换和聚合标准。它具有强大的信息发布、推送和聚合功能，以及更好的时效性、可操作性、互动性和个性化等特点，成为新一代互联网的必然发展趋势。图书馆基于RSS功能提供的个性化信息服务主要有以下几种。

①最新信息发布：主要包括图书馆新闻动态、数据库信息、新书信息、活动通知等。

②网络资源推荐：主要是对学术研究型博客、学科最新发展动态等资源的整合和推送。

③图书馆数据库订阅服务：方便读者和用户浏览、查阅RSS期刊目次。

④参考咨询服务：为读者和用户提供一个与图书馆交流的平台，保持双方沟通交流的畅通，以便于快速解决其难题。

⑤个性化RSS服务项目：书目预约、书目借还提醒等。

3. 呼叫中心——手机图书馆服务方式

主要针对读者和用户的参考咨询等需求，以计算机、传真、电话等为设备基础，以计算机电信集成（Computer Telecomnunication Integration，CT）

为技术基础，构建能提供一对一的融合通信网络和计算机网络功能的交互式增值服务多媒体平台。

这其中以手机图书馆为代表，手机图书馆是一种新兴的集阅读、娱乐、互动为一体的多媒体信息传播方式，具有手机增值服务和图书馆服务的双重属性。它的最大优点是实时交互性强及具有文化传播功能，改变了信息推送时间滞后的问题，使读者和用户能更加简洁顺畅地定制、访问图书馆的资源和服务。

当前手机图书馆的主要功能：读者和用户账户维护功能；文献和信息查询、图书续借、预约、推荐功能；馆藏电子资源实时阅读功能；图书馆消息告知功能；参考咨询互动功能。

4. 信息垂直门户服务方式

垂直信息服务这一概念最早出现于IT领域，是指针对某一特殊领域、某一特定人群或某一特定需求提供的有一定价值的信息和相关服务，其特点可以概括为三个字，即“专、精、深”。针对当前日益激烈的竞争环境，为求得良好的发展途径，我国图书馆在自身的服务体系中引入了这一服务方式——面对特定专业群体的专业化文献和信息需求，在某一领域相关资源的纵深层面进行深入挖掘，构建一个立体高效、有序的文献和信息环境，并结合专业化搜索引擎，设计有学科特点的信息垂直门户。

5. 信息代理服务方式

信息代理服务方式不仅体现个性化信息服务的主动性，也融入了诸多自动化、智能化的元素。该服务方式的核心内容是利用智能软件，对读者和用户获取文献和信息的行为和需求进行实时的跟踪分析，并以此为依据自动完成搜索行为，辅助、指引读者和用户浏览文献和信息。信息代理整合了各种服务方式，为形成个性化信息服务的有机体提供了可能，进一步提升了服务品质，让读者和用户在操作时更为便捷。

6. 网络智能服务方式

网络智能服务方式是基于互联网背景下，产生的一种高级别形式的个性化信息服务，其特点是以人工智能信息处理技术为主导进行一系列侧重于知识特性的资源组织、处理等相关活动，主要内容为特色专题知识仓库，即一个经过有目的的知识创新后附加存储了数据和知识的使用情况及传承线索的特殊的信息库。它在为读者和用户的文献和信息搜索行为中提供辅助、指引方面的功效优于一般数据库。

（四）当代图书馆个性化信息服务中应注意的问题

1. 服务的可执行性

当代图书馆个性化信息服务在图书馆领域的发展时间较短，尚处于萌芽期，因而需要精心的维护，这就对图书馆相关人员的专业知识和网络技术水平提出了较高要求，为保证服务的质量，图书馆不可盲目地开展这项服务，应根据自身的情况制订合理的服务计划，依照设定的服务计划有序地开展服务。图书馆在展开个性化服务的初始阶段，应将重心放在项目的宣传与推广上，并注重对服务细节的完善，先引起读者和用户的注意，再引导他们积极参与进来。

2. 服务的易操作性

过于烦琐、复杂的操作流程往往会令读者和用户望而却步，因而当代图书馆个性化信息服务应当尽量优化操作流程，使之更为便捷、流畅，让读者愿意尝试，乐于使用，且能够从中高效获取个性化的信息需求。

3. 服务过程中注意读者和用户个人信息的保护

当代图书馆在提供个性化的信息服务过程中，势必会涉及与读者和用户个人信息相关的环节，在这些环节中应注重对其个人信息的保护，避免外泄。

参考文献

[1] 于瑛. 当代图书馆管理体系研究[M]. 哈尔滨：东北林业大学出版社，2016.
[2] 王宁，吕新红，哈森. 图书馆管理与阅读服务[M]. 北京：光明日报出版社，2017.
[3] 付立宏，袁琳. 图书馆管理学[M]. 武汉：武汉大学出版社，2010.
[4] 刘兹恒. 图书馆危机管理手册[M]. 北京：国家图书馆出版社，2010.
[5] 阮冈纳赞. 图书馆学五定律[M]. 夏云，王先林，等译. 北京：书目文献出版社，1988.
[6] 于桂兰，魏海燕. 人力资源管理[M]. 北京：清华大学出版社，2004.
[7] 吴慰慈. 图书馆学概论[M]. 北京：国家图书馆出版社，2008.
[8] 谢灼华. 中国图书和图书馆史[M]. 武汉：武汉大学出版社，2005.
[9] 李希泌，张椒华. 中国古代藏书与近代图书馆史料[M]. 北京：中华书局，1982.
[10] 任继愈. 中国藏书楼[M]. 沈阳：辽宁人民出版社，2001.
[11] 徐国华，张德，赵平. 管理学[M]. 北京：清华大学出版社，1998.
[12] 王利平. 管理学原理[M]. 北京：中国人民大学出版社，2017.
[13] 杨晓海. 创造力管理[M]. 北京：国防工业出版社，2006.
[14] 李垣. 管理学[M]. 北京：高等教育出版社，2007.
[15] 姬定中，孙亚辉. 管理学[M]. 北京：科学出版社，2007.
[16] 刘喜申. 图书馆管理：协调图书馆人行为的艺术[M]. 北京：北京图书馆出版社，2002.
[17] 朱华平，高健. 图书馆学通论[M]. 北京：中国文史出版社，2003.
[18] 黄晓菁. 数字图书馆建设中知识产权问题研究[J]. 中华医学图书情报杂志，2007(4)：6-10.
[19] 徐路. 图书馆发展面临的重要趋势和关键议题：《国际图联趋势报告——2016新进展》分析[J]. 图书馆论坛，2018，38(1)：121-127.

[20] 陈光. 网络环境下图书馆电子图书数字版权保护的方法及策略研究[J]. 河南图书馆学刊, 2017, 37(2): 80-81; 90.

[21] 秦珂. 2006年以来我国图书馆合理使用数字版权立法研究综述——信息网络传播权保护条例》颁布实施十周年纪念(一)[J]图书馆论坛, 2016, 38(8): 72-83.

[22] 孙昕. 图书馆使用数字版权的默示许可制度建构分析[J]. 图书馆工作与研究, 2016(5): 63-65; 70.

[23] 栾瑞英. 哥伦比亚大学图书馆版权信息服务调研与启示[J]. 图书馆杂志, 2018, 37(2): 82-89.

[24] 邱奉捷, 韩新月, 陈瑜. 图书馆数字资源共建共享中的版权风险防范[J]. 新世纪图书馆, 2018(2): 52-56.

[25] 崔汪卫. MOOC版权合理使用与图书馆应对策略研究[J]. 图书馆学研究, 2018(7): 97-101.

[26] 李英珍. 基于促进TDM技术应用的国际版权例外制度的变革——兼议对解决我国图书馆TDM版权问题的启示[J]. 图书馆学研究, 2018(11): 89-92; 101.

[27] 左慧杰. 网络环境中图书馆版权合理使用制度建构管见[J]. 图书馆理论与实践, 2017(5): 24-27.

[28] 刘阳. 美国研究型大学图书馆版权政策研究[J]. 图书馆学刊, 2017, 39(8): 128-135.

[29] 傅文奇, 吴小翠. 图书馆电子书版权授权模式研究[J]. 中国图书馆学报, 2017, 43(3): 104-118.

[30] 周小康, 郝群, 张立彬. 国内外图书馆MOOC版权服务研究综述[J]. 图书馆学研究, 2017(20): 2-8.

[31] 张军华. 美国版权法中数字图书馆合理使用规则及对我国立法的启示[J]. 图书馆建设, 2017(4): 26-33.

[32] 杜桂华. 图书馆对开放资源的版权管理研究[J]. 图书馆学刊, 2017, 39(11): 8-11.

[33] 李静静. 图书馆规避数据库版权风险的策略研究[J]. 情报探索, 2017(8): 11-14.

[34] 屈华. 我国图书馆版权合理使用制度的重构[J]. 图书馆理论与实践, 2016(9): 6-10.

[35] 刘兹恒, 董舞艺. 三网融合环境下图书馆著作权新风险及对策[J]. 图书与情报, 2014(3): 22-26; 32.

[36] 刘兹恒, 梁宵萌. 高校图书馆对国外数据库资源的长期保存权利研究[J]. 图书馆, 2015(7): 4-7.